"十二五"职业教育国家规划教材修订版

高等职业教育新形态一体化教材

职场安全与健康

（第三版）

主编 罗小秋

副主编 孙莉莎

李 强

贾 丽

武晓敏

高等教育出版社·北京

内容提要

本书在第二版基础上修订而成。第三版以澳大利亚 TAFE 职业教学模式为指导，结合我国高职院校教学模式的改革，依据国家示范性高职院校建设倡导的“基于工作过程”的课程设计理念，以及“工学结合”的人才培养模式改革的新趋势，更新一批陈旧案例和国家标准，力图充分体现行动导向、任务驱动等课程改革潮流和设计理念。

本书以职场安全与健康的工作过程为载体，贯穿了以行业需求为导向、以能力为基础、以学生为中心的教学理念，大量采集来自行业、企业的真实案例。教学设计强调“教”与“学”的互动性，遵从学习认知规律，每一个教学单元用真实案例导入，以知识介绍为基础，以练习活动为主线，以观察思考为核心，以实施能力鉴定为保障，以及时收集学习者的反馈为途径，保持课程内容与方法的持续改进。根据行业对员工在职场中的安全与健康的要求，教学内容分为六个基本能力单元：确保工作场所安全；设备的维修保养及工作区域的整洁；设置和确认灭火设备，正确使用灭火器；采取紧急措施；遵守基本的安全操作程序；掌握基本的急救知识。本书为实现课程教学由“教师中心”向“学生中心”的转变，提供了可行性范本。

本书适用于技能型人才培养的职业院校和应用型本科院校开设的“安全、健康教育”类课程教学，也适用于企业员工、社会人员提升安全与健康能力的培训，还可供相关科技工作人员参考。

图书在版编目(CIP)数据

职场安全与健康／罗小秋主编.--3版.--北京：高等教育出版社,2019.7
ISBN 978-7-04-052087-3

Ⅰ.①职… Ⅱ.①罗… Ⅲ.①劳动保护-劳动管理-高等职业教育-教材②劳动卫生-卫生管理-高等职业教育-教材 Ⅳ.①X9②R13

中国版本图书馆 CIP 数据核字(2019)第 100379 号

职场安全与健康

Zhichang Anquan Yu Jiankang

策划编辑 郭润明　责任编辑 郭润明 王 博　封面设计 姜 磊　版式设计 徐艳妮
插图绘制 于 博　责任校对 刘娟娟　责任印制 刘思涵

出版发行 高等教育出版社
社　　址 北京市西城区德外大街4号
邮政编码 100120
印　　刷 山东德州新华印务有限责任公司
开　　本 787mm×1092mm 1/16
印　　张 13
字　　数 240千字
购书热线 010-58581118
咨询电话 400-810-0598

网　　址 http://www.hep.edu.cn
　　　　 http://www.hep.com.cn
网上订购 http://www.hepmall.com.cn
　　　　 http://www.hepmall.com
　　　　 http://www.hepmall.cn
版　　次 2009年5月第1版
　　　　 2019年7月第3版
印　　次 2019年7月第1次印刷
定　　价 26.50元

本书如有缺页、倒页、脱页等质量问题，请到所购图书销售部门联系调换
版权所有 侵权必究
物 料 号 52087-00

出版说明

教材是教学过程的重要载体，加强教材建设是深化职业教育教学改革的有效途径，推进人才培养模式改革的重要条件，也是推动中高职协调发展的基础性工程，对促进现代职业教育体系建设，切实提高职业教育人才培养质量具有十分重要的作用。

为了认真贯彻《教育部关于“十二五”职业教育教材建设的若干意见》（教职成〔2012〕9号），2012年12月，教育部职业教育与成人教育司启动了“十二五”职业教育国家规划教材（高等职业教育部分）的选题立项工作。作为全国最大的职业教育教材出版基地，我社按照“统筹规划，优化结构，锤炼精品，鼓励创新”的原则，完成了立项选题的论证遴选与申报工作。在教育部职业教育与成人教育司随后组织的选题评审中，由我社申报的1338种选题被确定为“十二五”职业教育国家规划教材立项选题。现在，这批选题相继完成了编写工作，并由全国职业教育教材审定委员会审定通过后，陆续出版。

这批规划教材中，部分为修订版，其前身多为普通高等教育“十一五”国家级规划教材（高职高专）或普通高等教育“十五”国家级规划教材（高职高专），在高等职业教育教学改革进程中不断吐故纳新，在长期的教学实践中接受检验并修改完善，是“锤炼精品”的基础与传承创新的硕果；部分为新编教材，反映了近年来高职院校教学内容与课程体系改革的成果，并对接新的职业标准和新的产业需求，反映新知识、新技术、新工艺和新方法，具有鲜明的时代特色和职教特色。无论是修订版，还是新编版，我社都将发挥自身在数字化教学资源建设方面的优势，为规划教材开发配备数字化教学资源，实现教材的一体化服务。

这批规划教材立项之时，也是国家职业教育专业教学资源库建设项目及国家精品资源共享课建设项目深入开展之际，而专业、课程、教材之间的紧密联系，无疑为融通教改项目、整合优质资源、打造精品力作奠定了基础。我社作为国家专业教学资源库平台建设和资源运营机构及国家精品开放课程项目组织实施单位，将建设成果以系列教材的形式成功申报立项，并在审定通过后陆续推出。这两个系列的规划教材，具有作者队伍强大、教改基础深厚、示范效应显著、配套资源丰富、纸质教材与在线资源一体化设计的鲜明特点，将是职业教育信息化条件下，扩展教学手段和范围，推动教学方式方法变革的重要媒介与典型代表。

教学改革无止境，精品教材永追求。我社将在今后一到两年内，集中优势力量，全力以赴，出版好、推广好这批规划教材，力促优质教材进校园、精品资源进课堂，从而更好地服务于高等职业教育教学改革，更好地服务于现代职教体系建设，更好地服务于青年成才。

高等教育出版社

2014年7月

第三版前言

安全与健康是人类生存发展过程中永恒的主题。随着社会的发展，现代化工业步伐的加快，职场安全与健康越来越受到整个社会的关注。在生产、生活过程中搞好安全工作，不断提高全社会安全生产水平，对于保障人民健康，提高人民生活质量，把我国建设成为富强民主文明和谐美丽的社会主义现代化强国起到重要推动作用。十九大报告中指出："树立安全发展理念，弘扬生命至上、安全第一的思想，健全公共安全体系，完善安全生产责任制，坚决遏制重特大安全事故，提升防灾减灾救灾能力。"习近平对全国安全生产工作作出重要指示，强调要牢固树立发展决不能以牺牲安全为代价的红线意识。

为了适应我国安全生产形势的需要，结合高职高专教育的特点，我们编写了这本《职场安全与健康》。编写本书的主要目的是帮助学习者树立职场工作的安全与健康意识，掌握职场工作的基本安全知识和技能，使其能及时发现职场中的安全隐患，做到珍爱生命、防患于未然。

编写教材的过程也是一个不断学习和改进的过程，我们在学习和借鉴澳大利亚职业教育与培训的经验的基础上，组织开发了一系列"以行业为先导、以能力为基础、以学生为中心"的高职教学材料，《职场安全与健康》就是其中之一。全书共六个单元，其中能力单元一由重庆城市管理职业学院孙莉莎编写；能力单元二由重庆城市管理职业学院孙莉莎、江柯编写；能力单元三由重庆城市管理职业学院武晓敏编写；能力单元四由重庆城市管理职业学院贾丽编写；能力单元五由重庆城市管理职业学院李强编写；能力单元六由重庆城市管理职业学院贾丽、孙莉莎编写。全书由罗小秋负责统稿、主审。本次修订对部分案例进行替换更新，同步更新了一批过时政策法规和行业标准，提升了教材的使用价值。

由于本书探索和澳大利亚职业教育教材相结合的教材编写新模式，书中难免有错误和不当之处，敬请广大读者批评指正。

编者

2019年4月

第二版前言

当今，安全与健康问题日益受到社会的关注和重视，人们对安全和健康的要求也日益提高。对此，各高校纷纷开设职场安全与健康相关课程，职场安全与健康信息的需求量也随之大幅度增加。

本书第一版自2009年出版以来，得到了广大读者的支持和厚爱。第二版教材的修订充分体现了以工作项目为导向的课程思想，将职业活动分解成若干典型的工作项目，按完成工作项目的需要和岗位操作规程，结合职业技能的要求组织教材内容。通过最新和最具代表性的职场安全与健康案例，引入必需的理论知识，加强操作训练，加深学生对职场工作各过程的安全与健康问题的认识和理解。

本次修订注重立体化教材的开发，增加了配套教学视频和教学动漫，能满足教师教学以及学生学习的直观性和易懂性等多方面的需要。

本书由重庆城市管理职业学院罗小秋主编，重庆城市管理职业学院刘会贵、孙莉莎为副主编；能力单元一主要由罗小秋、董伟修订；能力单元二主要由孙莉莎、刘会贵修订；能力单元三主要由武晓敏、罗小秋修订；能力单元四由董伟修订；能力单元五由孙莉莎修订；能力单元六由孙莉莎、许清华修订。重庆城市管理职业学院贾丽、蒋宗伦、刘尚龙、朱云波、王娟娟、刘量、刘新、丁诗斯、李国英、彭兴云参加修订工作。

由于编者能力有限，书中难免有不当之处，恳请广大读者批评指正。

编者

2014年2月

第一版前言

安全与健康是人类生存发展过程中永恒的主题。随着社会的发展，现代化工业步伐的加快，职场安全与健康越来越受到国家以及整个社会的高度关注。在生产、生活过程中搞好安全工作，对于促进生产、提高人民生活质量、实现和谐社会都起着至关重要的作用。

为了适应我国安全生产形势的需要，帮助高职学生在进入工作岗位前做好安全与健康的准备，结合高职教育的特点，我们编写了本书。编写本书的主要目的是通过直观而形象的学习，帮助学习者建立职场工作中的安全与健康意识，掌握职场工作的基本安全知识和技能，及时发现职场中的安全隐患，做到防患于未然，正视自己和他人的生命安全，确保国家和集体的财产。全书图文并茂，文字简洁精练，可读性较强。

重庆城市管理职业学院自2002年引入中澳职教项目后，在学习和借鉴澳大利亚职业教育与培训经验的基础上，组织开发了一系列“以行业为先导、以能力为基础、以学生为中心”的教学材料，本书就是其中之一。

本书由重庆城市管理职业学院罗小秋任主编并统稿。全书共分为六个单元。其中，第一单元由重庆城市管理职业学院罗小秋编写；第二单元由重庆城市管理职业学院孙莉莎编写；第三单元由重庆城市管理职业学院江柯编写；第四单元由重庆城市管理职业学院罗小秋、唐贵才和孙莉莎共同编写；第五单元由重庆工程职业技术学院李慧民编写；第六单元由重庆城市管理职业学院江柯和重庆市急救医疗中心雷世秀共同编写。

本书的编写受到了重庆市急救医疗中心、重庆市消防总队、重庆长安集团、重庆安全生产监督管理局、澳大利亚天鹅理工学院(Australia Swan TAFE WA)、澳大利亚坎培门理工学院(Australia Kangan Batman TAFE)、澳大利亚霍姆斯格兰理工学院(Australia Holmesglen Institute of TAFE)等行业、企业、学校的大力支持和帮助；本书还得到了中澳(重庆)职业教育与培训项目教学设计专家澳大利亚Bruce Shearer先生、澳大利亚汽车专家Allen Medley先生、澳大利亚皇家理工大学Veronica

Volkoff 女士、Jack Keating 女士和澳大利亚电子商务专家 Wei Leon Lim 先生的大力支持和帮助,在此一并表示衷心的感谢!

由于本书是探索和实践新的职业教育教材的模式,因此书中难免有错误和不当之处,敬请广大读者批评指正。

编者

2009年2月

目录

能力单元一　确保工作场所安全

单 元 概 述

一、单元能力标准

能力要素	实作标准	知识要求
确认、控制和避免工作场所危险	1. 确认、控制和避免工作场所危险 2. 遵守工作场所安全制度和操作程序 3. 识别安全标记和警示语 4. 按规定穿着安全服 5. 使用正确的人工搬运技术	1. 职场安全规程 2. 职场的危险和回避标志 3. 危险的征兆 4. 人工操作技术 5. 个人安全要求

二、单元学习目标

学习者在没有人帮助的情况下，能够即时发现工作场所潜在的危险，并能够采取适当的方法进行预防和控制。

三、单元内容描述

确认工作场所的危险种类；选择适当的控制危险措施；了解工作场所的安全制度及操作程序；识别工作场所的安全标记和警示语；正确穿着安全服；使用正确的人工搬运方法。

四、学习本单元的先决条件

学习者需要具备一定的听、说、读、写能力；具有一定的判断思维能力，并善于观察;能按照教师制订的活动程序完成“任务”。

五、单元工作场所安全要求

保持工作场所的清洁、整齐;按规定穿着安全服。

六、单元学习资源

学习参考资料	设备与设施
1.《中华人民共和国劳动法》 2.《中国职业安全健康管理体系内审员培训教程》 3.《职业安全与健康管理体系规范》 4.《中华人民共和国安全生产法》 5.《中华人民共和国消防法》 6.《职业安全与健康》([英]杰里米·斯坦克斯著) 7. 厂商使用手册、说明书 8. 企业安全生产制度、流程图	防毒面具、防护镜、安全服、木箱(重物)、急救箱与人体模型

七、单元学习方法建议

可采用小组教学讨论法、现场观察、实作、模拟教学法,尽可能在真实的工作场所中安排1~2次教学,教师在课堂上的讲授时间原则上控制在教学时间的1/2以内,充分利用学生之间的互相学习和技能练习完成教学目标。每一个单元结束后,必须安排鉴定与测试,同时用统一的问卷收集信息反馈,分析教学情况并作出及时的调整。

任务一　确认、控制和避免工作场所危险

走进课堂

11月4日,炼油厂北催化车间气分装置准备开工,需拆除低压管网盲板,炼油厂检修公司管焊车间二名管工在车间工艺员的陪同下来到施工现场登上管廊。14时30分,他们将盲板拆下。拆盲板时发现有瓦斯冒出,但二人没有采取任何防护措施,继续作业,当垫片放入找正时,二人中毒,其中一人当即从脚手架上坠落,造成轻微脑震荡,另一人昏迷躺在管排上。在场同组作业人员和车间工艺员发现后呼救,并立即登上管廊准备救护,此时伤者突然发生痉挛,摆动身体,从管排上坠落,造成颅骨骨折、颅内血肿。

思考与提示

1. 这起安全事故发生的原因是什么？

2. 为什么工作场所会发生人身伤害和疾病？

工作场所时刻都存在着潜在的安全隐患，及时发现、确认工作场所的安全隐患是防止事故发生的关键。

一、事故发生的原因

（一）事故发生的直接原因和间接原因

事故是在人们生产、生活活动过程中突然发生的、违反人们意志的、迫使活动暂时或永久停止，可能造成人员伤害、财产损失或环境污染的意外事件。

许多事故的发生往往与人的行为密切联系。事故发生的起因可分为直接原因和间接原因。

1. 直接原因

直接原因又称为一次原因，包括物的原因和人的原因两类。物的原因是指由于设备、环境不良所引起的原因。人的原因是指由人的不安全行为引起的原因。

2. 间接原因

间接原因通过直接原因发生作用而造成事故。间接原因可归纳为以下五项：

（1）技术的原因：主要有以下技术方面的缺陷：装置、机械和建筑物的设计缺陷，建筑物竣工后的检查、保养等维护不当；机械装备不当，工厂地面、室内照明、通风及工具的设计缺陷和维护不当；危险场所的防护、警报设备设置或维护不当；防护用具的配备和维护不当等。

（2）教育的原因：包括与安全有关的知识和经验不足；缺乏培训和教育；没有安全意识；对工艺的安全操作原理不了解；不遵守操作规程；懒惰等不良习惯；不善于思考和总结经验等。

（3）身体的原因：例如，头疼、眩晕、癫痫病；近视、耳聋或者因睡眠不足而疲劳，醉酒等。

（4）精神的原因：包括怠工、反抗、多疑及不满等不良心态；焦躁、紧张、恐惧和心不在焉等精神状态；褊狭、固执及不善于协作与沟通等性格缺陷；信心和判断力的不足等。

（5）管理的原因：包括企业领导者和管理人员缺乏安全意识，不重视安全生产，缺乏健全的安全操作规章制度，缺乏检查保养制度，安全机构不健全，安全投入不足等管理原因。

近几年，中国每年各类事故造成的人员死亡高达10万人，伤残几十万人。直接经济损失在1 000亿元左右，间接经济损失高达2 000亿元以上。不同程度的事故发生的数量呈金字塔形排列，如图1-1所示。

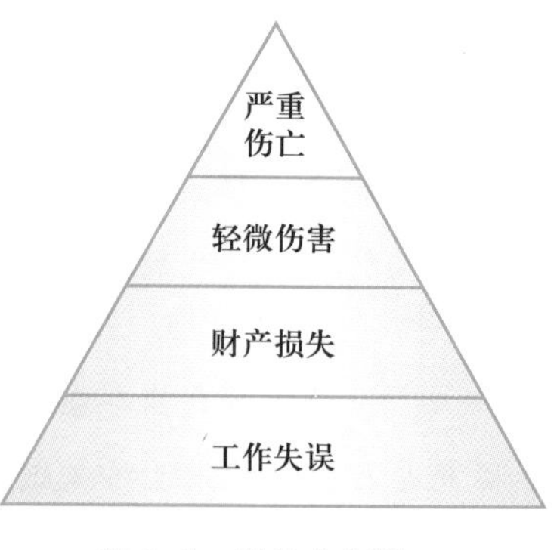

图1-1 事故金字塔

（二）事故发生的必然性和偶然性

安全是相对的，危险是绝对的。人的智慧、能力和精力是有限的，不可能从技术上完全根除危险的根源。人的知识、身体、心理和性格是不完美的，安全生产管理也很难做到十全十美，操作人员很难避免自身原因可能带来的危险。人和物的不安全状态决定了事故发生的必然性。但从本质上讲，事故属于可能发生也可能不发生的随机事件。由于人的能力和技术的限制，物的不安全状态不能完全发现和根除，事故何时发生也不能准确预测，引发事故的意外因素何时出现也不可预知。因此，事故的发生具有偶然性。

当然，无论是人的全部活动还是机械体系作业时的运动，在其整个工作过程中，不安全的隐患是潜在的，条件成熟就会显现，因此，即使表面上看似偶然的事故，其发生也具有必然性。

二、安全方针与事故预防

（一）国家的安全方针——"安全第一，预防为主，综合治理"

人为灾害的防范，应立足于防患于未然。从原则上讲，人为灾害是能够预防的。安全工程学中把预防灾害于未然作为重点，正是基于人为灾害是可预防的这一观点。

"安全第一"，就是在生产经营活动中，在安全与生产经营活动的关系上，始终把安全放在首要位置，优先考虑从业人员和其他人员的人身安全，实行"安全优先"的原则。在确保安全的前提下，努力实现生产的其他目标。

"预防为主"，就是坚持系统化、科学化的管理思想，按照事故发生的规律和特点，千方百计预防事故的发生，做到防患于未然，将事故消灭在萌芽状态。虽然人类在生产活动中还不可能完全杜绝事故的发生，但只要思想重视，预防措施得当，事故还是可以大大减少的。

"综合治理"的基本方法和途径，就是要坚持标本兼治、重在治本，果断采取措施遏制重特大事故，实现治标。同时，积极探索和实施治本之策，综合运用法律手段、经济手段和必要的行政手段，从发展规划、行业管理、安全投入、科技进步、经济政策、教育培训、安全立法、激励约束、企业管理、监管体制、社会监督以及追究事故责任、查处违法违纪等方面着手，抓紧解决影响制约我国安全生产的历史性深层次问题，做到思想认识上警钟长鸣，制度保证上严密有效，技术支撑上坚强有力，监督检查上严格细致，事故处理上严肃认真。通过综合治理，使安全生产得到全面、切实的加强。

（二）预防和控制事故的原理

1. 树立参与意识

树立工作场所的安全意识，主动发现安全隐患并参与预防活动，是预防和控制事故的基础。

2. 明确工作任务

对危险进行鉴别，设计预防事故发生和处理事故的方案，是预防和控制事故的保障。

3. 控制过程

对事故进行检查和监控，及时处理事故并进行有关的协调工作，是预防和控制事故的重要途径。

4. 对方案进行评估并持续改进

对设计的职场健康与安全方案进行及时修订和完善，是预防和控制事故的手段。

三、工作场所的危险

在生产劳动过程中，若工作场所存在着危害劳动者健康的因素，则易对劳动者造成伤害。工作场所造成伤害的主要原因有：企业不重视对员工职业安全和健康的管理；缺乏对员工职业安全和健康价值的理解；存在危险的车间、厂房和设备；缺乏或没有对员工进行培训；不善于沟通，缺乏管理和指导；对存在的危险估计错误等。

（一）危险源的定义

危险源是指可能造成的人员伤亡、疾病、财产损失、工作环境破坏的根源或状态，可能带来伤害的物质、危险的环境、错误的工作步骤。例如，汽油放在火源旁边；没有防护措施的工作台或人员；不按规定的操作步骤等。

（二）工作场所危险的类型

1. 物理性危险

物理性危险如图 1-2 所示。

（1）设备、设施缺陷：强度不够、稳定性差、密封不良等。

（2）防护缺陷：无防护装置、防护不当等。

图 1-2 物理性危险——焊接所产生的强紫外线

(3) 电危害:漏电、雷电、静电、电火花等。

(4) 噪声危害:机械噪声、电磁性噪声、流体噪声等。

(5) 振动危害:机械振动、电磁性振动、流体振动等。

(6) 电磁辐射:紫外线、红外线、微波、可见光、无线电波等。

(7) 放射性辐射:X 射线、γ 射线、质子、中子等。

(8) 运动物危害:固体物抛射、液体飞溅、反弹物等。

(9) 明火:抽烟、打火机等。

(10) 过高温物质:在高气温或同时存在高湿度或热辐射的不良气象。

(11) 过低温物质:能造成冻伤的气体、液体、固体。

(12) 粉尘与气溶胶:爆炸性、有毒性粉尘与气溶胶。

(13) 不良的工作环境:基础下沉、采光不良、通风不良、缺氧、强迫体位等。

(14) 信号缺陷:无信号设施、信号选用不当、信号位置不当等。

(15) 标志缺陷:无标志、标志不清楚、标志不当等。

2. 化学类危险

化学类危险如图 1-3 所示。

(1) 易燃易爆性物质:汽油、液氢、甲醇。

(2) 自燃性物质:白磷。

(3) 有毒性物质:防冻液、甲胺磷等农药。

(4) 腐蚀性物质:硫酸、漂白液。

3. 生物性危险

生物性危险如图 1-4 所示。

(1) 致病微生物:细菌、病毒。

(2) 传染病媒介物:人体分泌物。

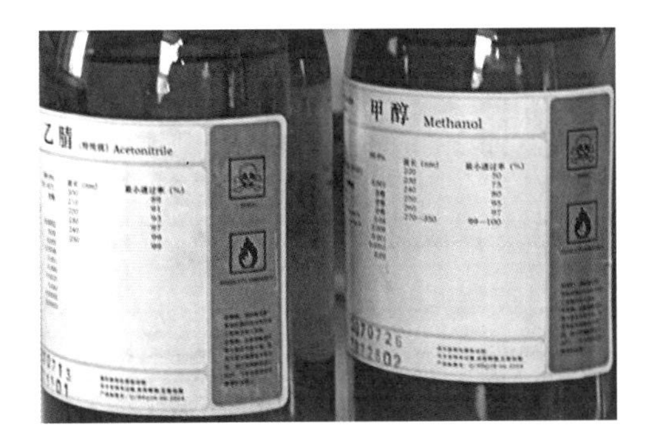

图 1-3　化学类危险及其标志

图 1-4　生物性危险

(3) 致害动物:毒蛇、野猫、蜈蚣、蝎子、白蚁。

(4) 致害植物:豕草、郁金香。

4. 心理、生理性危险

(1) 负荷超限:体力、听力、视力。

(2) 健康状况异常:疾病。

(3) 从事禁忌作业:酒后驾车。

(4) 心理异常:情绪异常、冒险心理、过度紧张。

(5) 辨别功能缺陷:感觉延迟、辨识错误。

5. 行为性危险

(1) 指挥错误:指挥失误、违章指挥。

(2) 操作失误:误操作、违章操作。

(3) 监护失误:误报警、漏报警。

（三）劳动过程中作业场所的生产性有害因素

（1）劳动强度过大或劳动安排与劳动者生理状况不相适应。

（2）劳动时间过长或劳动休息制度不合理。

（3）长时间处于某种不良体位。

（4）个别器官或系统过度紧张。

（5）厂房面积不足。

（6）采光照明和通风换气不良。

（7）安全防护设备不完善。

四、防止和控制危险的措施

（一）排除危险

例如:排除工作中可能接触到的危险化工产品。

将噪声大的机器从人们需要安静工作的地方移开。

（二）取代危险

例如:用危险性较小的化学溶剂代替致癌的苯。

在堆放易燃品处使用不易燃的清洁剂。

用气压型或液压型设备代替电力设备。

用吸尘器代替扫帚除尘。

用机器代替人力搬运。

（三）控制危险

例如:在工程作业中实施监督机制。

局部的废气通风。

自动化作业,减少人与机器直接接触。

五、关于职业病的相关规定

（一）职业病的特点

（1）有明确的病因。

（2）发病与劳动条件有关。

（3）常有群体发病的情况。

（4）有一定的临床特征。

（5）职业病可以预防。

（二）生产工作场所对职业卫生的要求

（1）职业病危害因素的强度或者浓度符合国家职业卫生标准。

（2）有与职业病危害防护相适应的设施。

(3) 生产布局合理,符合有害与无害作业分开的原则。

(4) 有配套的更衣间、洗浴间、休息间等卫生设施。

(5) 设备、工具、用具等设施符合保护劳动者生理、心理健康的要求。

(6) 法律、行政法规和国务院卫生行政部门关于保护劳动者健康的其他要求。

(三) 生产劳动者享有的职业卫生保护的权利

(1) 获得职业卫生教育、培训的权利。

(2) 获得职业健康检查、职业病诊疗、康复等职业病防治服务的权利。

(3) 了解工作场所产生或者可能产生的职业危害因素、危害后果和应当采取的职业病防护措施的权利。

(4) 要求用人单位提供符合职业病要求的职业病防护措施和个人使用的职业病防护用品,改善工作条件的权利。

(5) 对违反职业病防治法律、法规以及危及生命健康的行为提出批评、检举和控告的权利。

(6) 拒绝违章指挥和强令进行没有职业病防护措施的作业的权利。

(7) 参与用人单位职业卫生工作的民主管理,对职业病防治工作提出意见和建议的权利。

活动 1.1

指出图 1-5 中都有哪些危险行为,会导致什么事故

活动目的:帮助学习者确认、预防和控制危险。

活动步骤:第一步,观察图 1-5。

第二步,列出安全隐患并指出可能带来的人身伤害。

第三步,小组之间进行交流。

活动建议:采用小组讨论的形式。

图 1-5　危险作业

思考与练习

某工艺制品厂发生特大火灾事故，烧死 84 人，烧伤 40 多人。事故情况是：该工艺制品厂厂房是一栋三层钢筋混凝土建筑物，一楼是裁床车间兼仓库，库房用木板和铁栅栏间隔而成，库房内堆放海绵等可燃物高达 2 m，通过库房顶部并伸出库房，搭在铁栅栏上的电线没有套管绝缘，总电闸的保险丝改用两根钢丝代替。二楼是手缝和包装车间及办公室，厕所改做厨房，放有两瓶液化气。三楼是车间。

该厂实行封闭式管理，两个楼梯中东边一个用铁栅栏隔开，与厂房不相通，西边的楼梯平台上堆满了杂物。楼下四个大门有两个被封死，一个被铁栅栏隔在车间之外，职工上下班只能从西南方向的大门出入，并要通过一条用铁栅栏围成的只有 0. 8 m 宽的狭窄通道打卡，全部窗户安装了铁栅栏加铁丝网。

起火原因是电线短路引燃仓库的可燃物所致。起火初期，火势不大，部分职工试图拧开消火栓和使用灭火器扑救，但因不懂操作方法未能见效。在一楼东南角敞开式的货物提升机的烟囱效应作用下，火势迅速蔓延至二楼、三楼。一楼的职工全部逃出，正在二楼办公的厂长没有组织工人疏散，而是自己爬出窗户逃命。二楼、三楼 300 名职工在无人指挥的情况下慌乱下楼。由于对着楼梯口的西北门被封住，职工下到楼梯口拐弯处必须通过打卡通道才能从西南门逃出，路窄人多，拥挤不堪，浓烟烈火，视野不清，许多职工被毒气熏倒在楼梯口附近，因而造成重大人员伤亡。

［问题］

1. 分析该起事故的主要原因。

2. 分析该工艺制品厂存在的安全隐患。

3. 就该事故提出合理的建议及预防措施，以防止同类事故的发生。

课堂作业一

1. 列举三个工作场所引起的疾病和伤害。

2. 说明三个化学危险品带来的伤害。

3. 列举三个物理危险品带来的伤害。

4. 说明为什么安全工作体系是人身安全的保证。

5. 用三个理由说明为什么具有职场健康安全意识是非常重要的。

6. 当员工担心职场会发生伤害或造成疾病时，企业潜在的损失有哪些（参考以下四个方面：时间、人员、产品、公众舆论）？

7. 我国的安全方针是什么？

8. 事故发生的间接原因有哪些？

9. 判断以下说法正误,并说明理由。

(1) 物理危险的影响仅仅是对人们精神上的影响。

(2) 工作能力下降是压力过大的一种标志。

(3) 应变能力下降是压力过大的一种标志。

(4) 最有效地帮助人们缓解压力的方法是做好工作计划。

(5)“职业压力”术语的含义是指工作的紧张所造成的对人体健康的危害。

(6)“职业压力”可能给人体造成的危害有:行动、皮肤、心脏、大脑等。

(7) 事故发生具有必然性,因此,不必采取预防措施。

(8) 事故发生具有偶然性,因此,不能预测事故的后果。

(9) 我们可以准确预测事故发生的时间。

(10) 从原则上讲,人为事故都可以预防。

部分参考答案1

(11) 任何一起非自然安全事故都有人和物两方面的原因。

(12) 事前预防是安全的重要保证。

(13) 预防事故发生往往更为重要。

(14) 事故发生后的正确处理非常关键。

(15) 大多数事故是可以预防的。

(16) 事故发生往往伴随着违规行为。

(17) 安全知识的教育培训是预防事故发生的措施之一。

(18) 严格执行国家制定的安全法律法规有利于预防事故的发生。

(19) 安全知识的教育培训仅仅在于事故发生后的处理。

任务二 职场健康与安全机构、法规和运作程序

走进课堂

《中华人民共和国安全生产法》中规定安全生产工作应当以人为本,坚持安全发展,坚持安全第一、预防为主、综合治理的方针,强化和落实生产经营单位的主体责任,建立生产经营单位负责、职工参与、政府监管、行业自律和社会监督的机制。

思考与提示

1. 你知道国家、企业、员工对工作场所安全应具有的责任吗?

2. 你了解国家有哪些职业健康与安全法规吗?

建立国家、地方、单位各个层面的安全与健康机构是及时发现、处理事故的组织保障。

一、确保职场安全与健康的机构

(一) 国家劳动与社会保障部门

国家劳动与社会保障部门制定法律、法规,指导企业制定规章制度,对安全事故进行认定、监控和评估,提供信息咨询,制订员工安全与健康培训计划,以指导企业的安全与健康机制的建立与实施。

(二) 企业劳工部门(工会)

企业劳工部门负责指导企业员工每天的安全生产活动,为员工提供安全的工作场所,对企业事故进行处理,制订企业安全操作程序,监控和记录企业安全事故的发生。

二、国家职业健康与安全法规

职业健康与安全法规是为了保障劳动者在生产劳动过程中的安全与健康而制定的。主要形式有法律、行政法规、标准、条例等。

《生产安全事故应急条例》(2019 年)。

《中华人民共和国安全生产法》(2014 年修正)。

《中华人民共和国消防法》(2009 年修正)。

《中华人民共和国职业病防治法》(2018 年修正)。

《中华人民共和国劳动合同法》(2012 年修正)。

三、职业健康安全制度

(一) 安全生产责任制

企业各级领导(厂长、经理、总工程师、车间主任、班组长)的安全生产职责;企业职业健康安全专职机构安全生产职责;企业各职能部门(机动、技术、生产调度、人事劳资、保卫、计划、财务、供应、储运、销售、设计、工程建设管理、工会等)的安全生产职责;车间安全人员的安全生产职责;工人的安全生产职责。

(二) 职业健康安全教育制度

职业健康安全教育制度主要涵盖两方面内容:企业管理人员的职业健康安全教育(见表 1-1)和企业工人的职业健康安全教育(见表 1-2)。

表 1-1　企业管理人员的职业健康安全教育

对象	内容
技术干部	职业健康安全方针、政策、法规，安全生产责任制，典型事故分析，系统安全工程知识，基本的安全技术知识
行政干部	基本的安全技术知识，安全生产责任制
企业安全管理人员	职业健康安全方针、政策、法规、标准，企业安全生产管理、安全技术、职业卫生知识、安全文件、工伤保险法规，职工伤亡事故和职业病统计报告及调查处理程序，有关事故案例及事故应急处理措施
班组长和安全员	职业健康安全方针、政策、法规、安全技术、职业卫生知识，安全生产责任制，有关事故案例及事故应急处理措施

表 1-2　企业工人的职业健康安全教育

形式	内容
三级教育	厂级、车间级、班组级安全教育
特种教育	危险性大的工种及新技术、新工艺、新设备使用前的安全教育，一般脱产学习
经常性教育	上班前、中、后制度化的安全教育

（三）职业健康安全检查制度

职业健康安全检查制度是搞好安全生产、防止事故发生必不可少的手段之一，是企业安全管理的重要保障。

职业健康安全检查可以分为日常性、专业性、季节性、节假日性、不定期性等。

（四）伤亡事故和职业病统计报告与处理制度

1. 伤亡事故的统计报告和处理

（1）伤亡事故的分类。

（2）伤亡事故的报告和处理。

（3）伤亡事故统计。

2. 职业病的统计报告和处理

（1）职业病的报告办法。

（2）职业病的处理。

（五）职业健康安全措施计划制度

1. 职业健康安全措施计划的主要内容

（1）单位或工作场所。

（2）措施名称。

(3) 措施内容及目的。

(4) 经费预算及其来源。

(5) 负责设计、施工的单位或负责人。

(6) 开工日期及竣工日期。

(7) 措施执行情况及其效果。

2. 职业健康安全措施计划的范围

(1) 安全技术措施。

(2) 职业健康措施。

(3) 辅助用室及措施。

(4) 职业健康安全宣传教育措施。

3. 职业健康安全措施计划的编制依据

(1) 国家发布的有关职业健康安全政策、法规和标准。

(2) 在职业健康安全检查过程中发现但尚未解决的问题。

(3) 造成伤亡事故和职业病的主要原因与所应采取的措施。

(4) 生产发展需要所应采取的安全技术和工业卫生技术措施。

(5) 安全技术革新项目和职工提出的合理化建议。

(六) 职业健康安全监察制度

国家法规授权的行政部门,代表政府对企业的生产过程实施职业健康安全监察,以政府的名义,运用国家权力对生产单位在履行职业健康安全职责和执行职业健康安全政策、法规与标准的情况依法进行监督、纠举及惩戒制度。

1. 国家的行为

《中华人民共和国安全生产法》规定,国务院负责安全生产监督管理的部门对全国安全生产工作实施综合监督管理,县级以上地方各级人民政府负责安全生产监督管理的部门对本行政区域内的安全生产工作实施监督管理。

2. 企业的行为

(1) 提供安全与健康的工作场所:机器、设备、操作程序、工作环境、防护用品等。

(2) 确保每一名员工有职场健康与安全意识。

(3) 对员工进行相关的培训。

(4) 经常口头提醒员工注意安全。

(5) 有专门人员负责安全方面的事务处理。

(6) 有职场安全专家给予指导。

(7) 随时检查员工的健康与安全并有记录。

3. 员工的行为

(1) 安全工作,不伤害自己和他人。

(2) 正确穿戴安全的服装,使用安全设备。

(3) 严格遵守企业安全生产规章制度和操作程序。

(4) 及时发现事故隐患并报告管理者。

(5) 接受安全生产教育和培训。

(6) 不因生产安全事故受到损失。

四、处理安全事故的程序

企业法人与职工安全代表可以共同制定解决职场安全、健康方面的工作程序,解决任何可能发生的争端,这被称为既定程序,它包含了一个组织的各个方面,是解决职场安全问题和采取措施的必要步骤。

(1) 如果有一起即将发生的危险事故威胁着工人,安全职工代表和管理者能够命令在危险区域的所有工人停止工作。

(2) 职工安全代表将与管理人员一起尽快讨论这些问题,并按照既定的程序解决这些问题。

(3) 如果这些问题不能被管理者、职工安全代表提出的临时改进通知所解决,可让检查人员做进一步调查,提出解决方案。

(4) 必要时一个安全检查人员可以召集管理人员和职工代表解决安全问题。

五、工伤保险

工伤又称为职业伤害、工业伤害、工作伤害,是指劳动者在从事职业活动或者与职业活动有关的活动时所遭受的不良因素的伤害和职业病伤害。

工伤保险是劳动者在工作中或在规定的特殊情况下,遭受意外伤害或患职业病导致暂时或永久丧失劳动能力以及死亡时,劳动者或其遗属从国家和社会获得物质帮助的一种社会保险制度。

(一) 工伤保险的基本原则

中华人民共和国境内的企业、事业单位、社会团体、民办非企业单位、基金会、律师事务所、会计师事务所等组织和有雇工的个体工商户(以下称用人单位)应当依照本条例规定参加工伤保险,为本单位全部职工或者雇工(以下称职工)缴纳工伤保险费。

用人单位应当按时缴纳工伤保险费。职工个人不缴纳工伤保险费。

(二) 工伤的认定

职工有下列情形之一的,应当认定为工伤:

(1) 在工作时间和工作场所内,因工作原因受到事故伤害的。

(2) 工作时间前后在工作场所内,从事与工作有关的预备性或者收尾性工作受到事故伤害的。

（3）在工作时间和工作场所内，因履行工作职责受到暴力等意外伤害的。

（4）患职业病的。

（5）因工外出期间，由于工作原因受到伤害或者发生事故下落不明的。

（6）在上下班途中，受到非本人主要责任的交通事故或者城市轨道交通、客运轮渡、火车事故伤害的。

（7）法律、行政法规规定应当认定为工伤的其他情形。

职工有下列情形之一的，视同工伤：

（1）在工作时间和工作岗位，突发疾病死亡或者在48小时之内经抢救无效死亡的。

（2）在抢险救灾等维护国家利益、公共利益活动中受到伤害的。

（3）职工原在军队服役，因战、因公负伤致残，已取得革命伤残军人证，到用人单位后旧伤复发的。

职工符合认定工伤或视同工伤的规定，但是有下列情形之一的，不得认定为工伤或者视同工伤：

（1）故意犯罪的。

（2）醉酒或者吸毒的。

（3）自残或者自杀的。

六、风险评估的目的

（1）找出生产过程中的潜在危害，并提出相应的安全措施。

（2）对潜在的事故进行分析预测，对已发生的事故进行评估，并提出纠正措施。

（3）评估设备、设施或系统的设计是否使收益与危险达到最合理的平衡。当危险过高时必须更改设计，当达不到规定的可接受危险范围而又无法改进设计时，则应放弃这种设计方案。

（4）在设备、设施或系统进行试验或使用之前，对潜在的危险进行评估，以便考核已判定的危险是否已消除或被控制在可接受的范围内，并为所提出的消除危险或将危险减少到可接受范围内的措施所需的费用和时间提供决策支持。

（5）评估设备、设施或系统在生产过程中的安全性是否符合有关标准、规范的规定，实现安全技术与安全管理的标准化和科学化。

（6）风险评估体现了预防为主的思想，使潜在和显在的危险得以有效控制。

例如：业务活动：拆卸发动机。

危险源：发动机零件及工具。

现行控制措施:不允许穿凉鞋拆卸发动机。

危险中的人员:现场工作人员。

伤害的可能性:零件或工具掉下砸到裸露的脚上。

伤害的严重程度:皮肤破损或断裂。

风险水平:70%。

采取的措施:穿劳保鞋进入职场工作。

评估者:________　　评估日期:________________

活动 1.2

选择一个危险源按上面例子的要求评估其风险

活动目的:认识危险并评估风险。

活动步骤:参照上例拟写。

活动建议:采用小组讨论。

活动 1.3

阅读企业安全生产法规

活动目的:了解国家、企业安全生产法规,自觉遵守企业安全制度。

活动步骤:第一步,阅读《中华人民共和国安全生产法》。

第二步,举例说明《中华人民共和国安全生产法》的重要性。

活动建议:采用小组讨论。

思考与练习

《中华人民共和国安全生产法》中第三章规定了从业人员的安全生产权利义务:

第四十九条　生产经营单位与从业人员订立的劳动合同,应当载明有关保障从业人员劳动安全、防止职业危害的事项,以及依法为从业人员办理工伤保险的事项。

生产经营单位不得以任何形式与从业人员订立协议,免除或者减轻其对从业人员因生产安全事故伤亡依法应承担的责任。

第五十条　生产经营单位的从业人员有权了解其作业场所和工作岗位存在的危险因素、防范措施及事故应急措施,有权对本单位的安全生产工作提出建议。

第五十一条　从业人员有权对本单位安全生产工作中存在的问题提出批评、

检举、控告；有权拒绝违章指挥和强令冒险作业。

生产经营单位不得因从业人员对本单位安全生产工作提出批评、检举、控告或者拒绝违章指挥、强令冒险作业而降低其工资、福利等待遇或者解除与其订立的劳动合同。

第五十二条 从业人员发现直接危及人身安全的紧急情况时，有权停止作业或者在采取可能的应急措施后撤离作业场所。

生产经营单位不得因从业人员在前款紧急情况下停止作业或者采取紧急撤离措施而降低其工资、福利等待遇或者解除与其订立的劳动合同。

第五十三条 因生产安全事故受到损害的从业人员，除依法享有工伤保险外，依照有关民事法律尚有获得赔偿的权利的，有权向本单位提出赔偿要求。

第五十四条 从业人员在作业过程中，应当严格遵守本单位的安全生产规章制度和操作规程，服从管理，正确佩戴和使用劳动防护用品。

第五十五条 从业人员应当接受安全生产教育和培训，掌握本职工作所需的安全生产知识，提高安全生产技能，增强事故预防和应急处理能力。

第五十六条 从业人员发现事故隐患或者其他不安全因素，应当立即向现场安全生产管理人员或者本单位负责人报告；接到报告的人员应当及时予以处理。

第五十七条 工会有权对建设项目的安全设施与主体工程同时设计、同时施工、同时投入生产和使用进行监督，提出意见。

工会对生产经营单位违反安全生产法律、法规，侵犯从业人员合法权益的行为，有权要求纠正；发现生产经营单位违章指挥、强令冒险作业或者发现事故隐患时，有权提出解决的建议，生产经营单位应当及时研究答复；发现危及从业人员生命安全的情况时，有权向生产经营单位建议组织从业人员撤离危险场所，生产经营单位必须立即作出处理。

工会有权依法参加事故调查，向有关部门提出处理意见，并要求追究有关人员的责任。

第五十八条 生产经营单位使用被派遣劳动者的，被派遣劳动者享有本法规定的从业人员的权利，并应当履行本法规定的从业人员的义务。

课堂作业二

1. 企业中员工对职场安全有哪些责任？
2. 出现事故（如火灾、触电、毒气泄漏等）你应该怎样处理？
3. 谁应该对职场安全负责？
4. 查找并记录国家、企业的职业健康安全文本。
5. 总结并概述企业职场健康安全的现状。

6. 归纳企业、员工在企业职场健康安全方面的责任。

7. 列出三个(企业)在企业职场健康安全方面的责任。

8. 列出三个(员工)在企业职场健康安全方面的责任。

9. 描述四个(企业)职场健康安全代表的特殊功能。

10. 判断正误并说明理由。

(1) 中国在职场健康安全方面已经制定了许多法律、法规。

(2) 法律、法规中有些条款是强制性的。

(3) 职场健康安全法律、法规包括了对职场环境和职场材料的要求。

(4) 职场健康安全法律、法规的目标在于改善员工的健康和安全。

(5) 中国法律、法规要求企业给每一名员工购买个人职场健康安全的保险。

(6) 中国法律、法规要求企业为员工提供健康安全的工作环境。

(7) 根据职场健康安全的要求,员工有责任对自己和他人的健康、安全负责。

(8) 员工必须遵守企业提出的职场健康安全方面的规章。

(9) 员工可以在职场健康安全方面向企业提出自己的建议。

(10) 各行业、企业制定的安全生产规定都是在国家安全生产法律的指导下进行的。

部分参考答案 2

任务三　熟悉工作场所的安全标志和警告

走进课堂

2017 年 7 月的时候陈某驾车带着自己的妻子去海边兜风,当时海边有一段路正在施工,并配有警示标志。本来就是在海边,再加上陈某到海边时天都已经黑了,开车更应该小心谨慎才是。但是陈某并没有理会旁边警示标牌的提示,更是没有做到小心观察周围的路况。结果悲剧就发生了,车子撞上路边的土堆后直接坠入海中,导致其妻子王某溺水当场身亡。

思考与提示

1. 该事故的发生有哪些原因?

2. 管理部门应该采取哪些措施防止事故的发生?

关注工作场所的安全标志和警告就是关注生命。

一、安全标志

一些典型的安全标志如图 1-6 所示。

禁止吸烟

禁止通过

非饮用水

禁止烟火

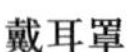

戴耳罩

有电

危险

图 1-6 安全标志

二、警告

（一）视觉警告

例如亮度、颜色、信号灯、旗、标记、书面警告。

（二）听觉警告

例如喇叭声、铃声、叫声。

（三）气味警告

例如烟味、汽油味、油漆中的苯味。

（四）触觉警告

例如振动、热、冷。

活动 1.4

设计一张禁止上班饮酒或服用药品的海报

活动目的：提醒人们潜在的危险和指导人们怎样去避免危险。

活动步骤：第一步，收集饮酒或服用药物的图片。

第二步，根据图片设计一句话。

第三步，对图片和文字进行排版。

活动建议：采用配对法（一部分人设计图，另一部分人设计短语，最后进行配对）。

思考与练习

请仔细观察图 1-7 的标志，你在哪些场合看到过类似的标志？看到这样的标志你该怎么做？

图 1-7 安全标志

课堂作业三

1. 为什么工作场所要使用安全标志？
2. 画出一个安全标志或写出一句警告，并说明其含义。

任务四 按规定穿着安全服

走进课堂

修配工地二级车工丁某（男，21 岁，二级车工），打完球洗澡后，脚穿布底鞋，光着上身来到张力配制平台（非本人作业时间），拿起一个电焊面罩，站在焊工陈某背后看他施焊。过了一会儿说：“你焊的不好，给哥们，看我焊的！”陈某从背后把焊把递给他。丁某接过焊把就倒在了平台上，脸朝上，右手拿着的焊把贴在左胸。紧急送往医院抢救，发现左胸有电灼烧伤痕迹，系电流击穿心脏，抢救无效死亡。

思考与提示

1. 你知道是什么原因导致出现这起事故吗？

2. 你知道在工作场所该怎样选择劳动防护用品吗？

在工作中按照规定穿着安全防护用品就是对自己的健康和生命负责。

《中华人民共和国劳动法》第五十四条规定：用人单位必须为劳动者提供符合国家规定的劳动安全卫生条件和必要的劳动防护用品。劳动防护用品是劳动者在生产过程中保护个人身体健康与安全所必需的一种防御性装备。

一、劳动防护用品的分类与功能

（一）安全帽类（头部保护）

一个棉的或者毛的帽子使头部不会粘上脏物和油脂，并能减少头部划伤和擦伤。由轻质塑料制成的凸起帽子可以保持头部不受脏物、机油、油脂和溶剂等的腐蚀，并能保护头部不被划伤、磨伤、擦伤及冲击。网状的帽子可以保护长头发工人的头发不被旋转的机器夹住（见图 1-8）。

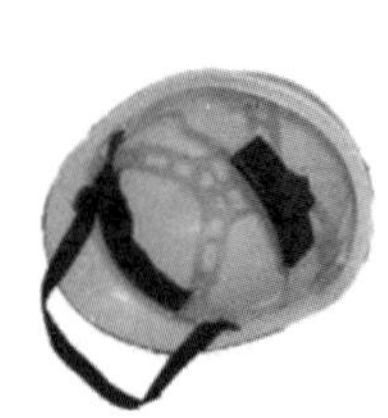

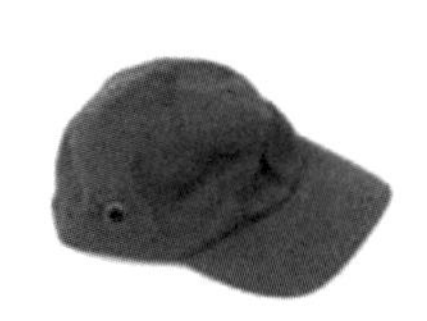

图 1-8 安全帽类

（二）呼吸防具类

呼吸防具可以防止粉尘、病菌和有害气体进入呼吸道，避免危害人体健康。

（三）眼防护具类（眼睛保护）

如图 1-9 所示为多种眼睛保护装备，从安全眼镜到保护整个脸部的面罩。不同的工作应戴上相应种类的眼防护具，正确选择如下：

（1）操作研磨机器时，戴上磨削护目镜。

（2）操作气焊装备时，戴上气焊护目镜。

（3）操作弧焊时，戴上覆盖脸部的弧焊护目镜。

（4）操作任何动力工具，诸如气动或电动的，戴上磨削护目镜。

（5）操作钻孔或车床时，戴上磨削护目镜。

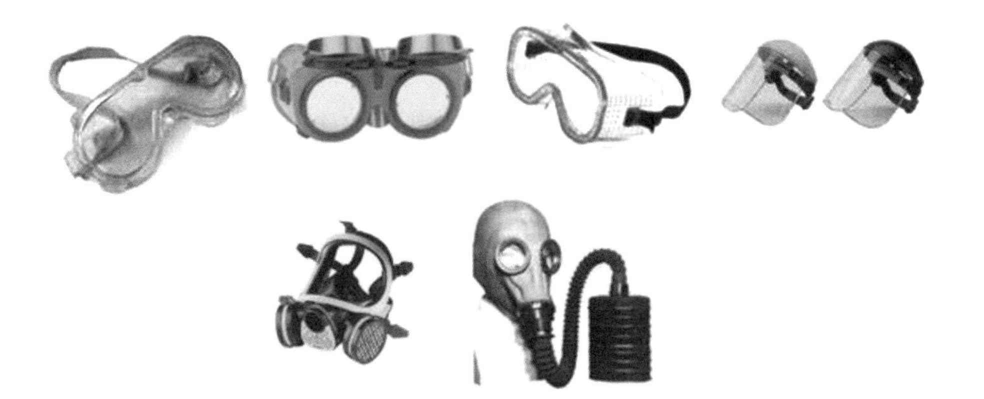

图 1-9　多种眼睛防护用具

(6) 维修空调时,戴上化学型的护目镜。

(四) 听力护具类(听力保护)

如果人们长时间工作在噪声环境下,就会加速听力丧失。因此,工作在一个噪声环境下,就必须戴上听力保护装备,如图 1-10 所示。为了识别噪声环境,我们用噪声尺度——分贝来衡量。正常的说话声音接近 60 分贝,3 000 r/min 产生的噪声是 115~120 分贝。经常工作在 90 分贝以上的环境中,人们的听力会下降。目前,普遍应用的听力保护装备是耳套和耳塞。

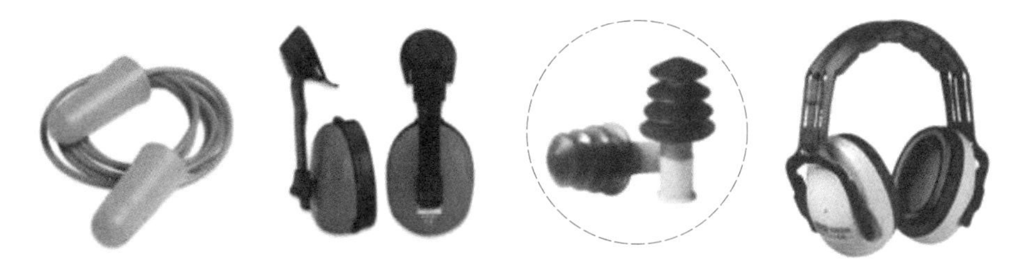

图 1-10　听力护具类

(五) 防护鞋类(脚部保护)

在车间里面要穿上既有强度又舒适的皮质鞋子或靴子,如图 1-11 所示。特别推荐带有钢质鞋头及强化了鞋底的安全鞋。原因有如下几方面:

图 1-11　防护鞋

（1）强化了的鞋底可以使脚底部不受尖利的金属片或钉子的伤害。

（2）钢制鞋头可以使脚部不受落下来的重物的伤害。

（3）皮质的鞋子可以使脚不受酸性物质、溶剂及焊接和磨削时炽热金属的伤害。

（六）防护手套类（手部保护）

防护手套如图1-12所示。

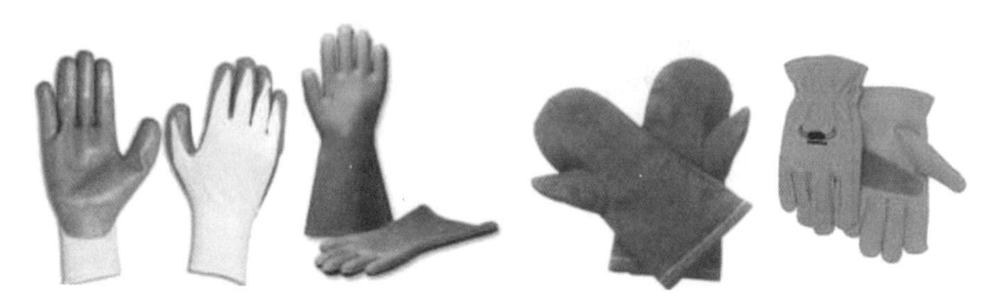

图1-12 防护手套

（七）防护服

防护服（见图1-13）是能全面遮住身体、手、脚的衣着，应当有合适的尺寸、紧身、舒适并且由防火、耐磨的材料制成。穿着防护服请注意以下五点：

（1）扣上衣服上面所有的扣子，并把所有的扣子覆盖上，不要卷起裤脚口。

（2）不要弄脏和损害工作服。

（3）焊接时，不要让滚烫的金属溅到衣物上、鞋面上和暴露的双手上。

（4）不要让油脂、机油、汽油、溶剂及酸性物质粘在身上、手臂上、脚上。

（5）尽量避免手臂和脚的划伤、磨伤及擦伤。

图1-13 防护服

（八）防坠落护具

典型的防坠落护具有安全带、安全绳、安全网等，如图1-14所示。

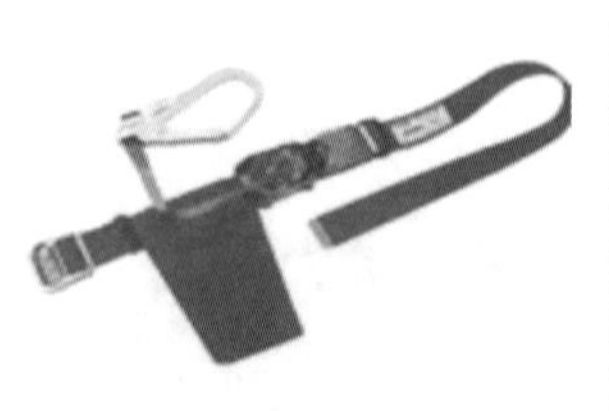

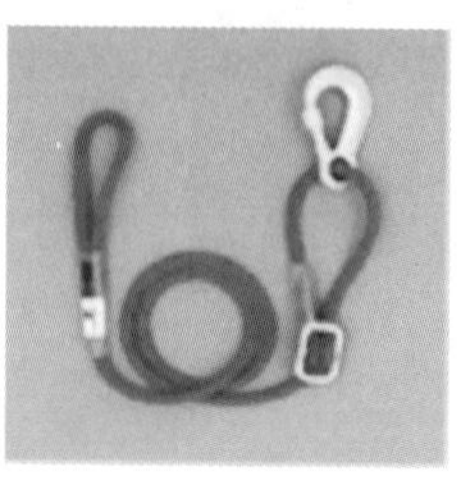

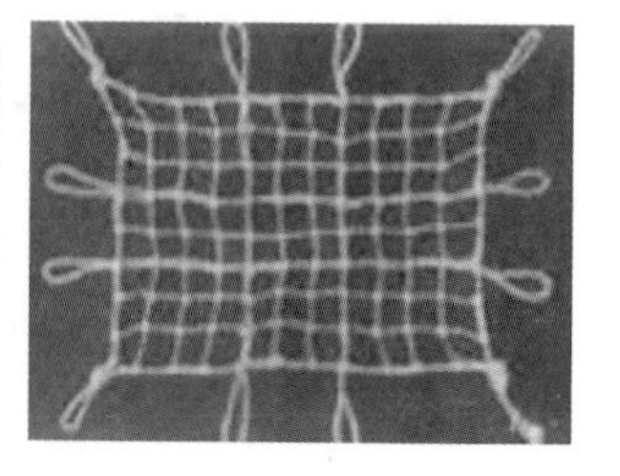

图1-14 防坠落护具

（九）护肤用品

典型的护肤用品有洗涤剂、防晒霜、护肤膏等。

二、防护品使用存在的问题

（1）穿戴个人安全防护用品可能会不舒服，有的工人不愿穿戴。个人安全防护用品必须适合每一个人的需要。否则，它们就会失去应有的作用，不能有效保护穿戴者。

（2）有些负责采购和挑选个人安全防护用品的人员对车间里设备的了解非常有限。

（3）保养标准不高使个人安全防护用品常常变得名不副实。

三、穿戴作业服装的规定

（1）工作服应该紧身、轻便。

（2）工作服绽线、破损要立即缝好。

（3）工作服要经常清洗。

（4）操作机械时，应该戴上工作帽，把头发完全罩住。

（5）在工作场所严禁赤脚、穿拖鞋、凉鞋、草鞋等。

（6）禁止半裸作业。

（7）禁止把容易燃烧、爆炸的物品、尖锐物品放在工作服口袋里。

（8）禁止戴手套在机械的回转部位操作。

活动 1.5

请指出图 1-8 至图 1-14 中的每项护具的名称及功能

活动目的：根据不同的工作环境，恰当选择并穿戴安全护具。

活动步骤：第一步，阅读以上各图。

第二步，列出各种护具的名称及功能。

第三步，陈述对应的护具使用的工作环境。

活动建议：采用小组讨论形式。

思考与练习

某高职院校数控实训基地，五十多名学生在教师的指导下进行数控加工操作练习。突然一声尖叫，让同学们为之一惊，大家朝着尖叫的方向看去，在砂轮工作区，一位男同学用手捂着眼睛，痛苦地呻吟着，手指间还流着血。教师立即把这位同学送往医院。该同学因铁屑扎入左眼，左眼球摘除，右眼球也因为感染没能保住，医院确诊为一级伤残。为此，法院判定该校赔偿该生20万元。

［问题分析］

1. 在操作高速旋转的砂轮时，火花与铁屑飞溅，操作者必须戴上护目镜，而该同学没有佩戴护目镜。

2. 教师在学生操作前没有强调安全规程。由于实训现场学生人数多达五十余人，在操作现场教师没有及时进行必要巡视，在砂轮工作区没有相应的安全标志和警告，也没有设置透明的放置护目镜的工具柜，只是把护目镜放在了一个抽屉里。

3. 该同学承认，过去教师讲授过这方面的安全知识，自己也曾经使用过一次护目镜，但戴上后感觉不舒服，后来的操作就没有戴，没有想到这次疏忽给自己带来的是终生遗憾。

［建议措施］

本次事故发生后，学校进行了认真整改。针对职场安全与健康，在教学计划中增加了“职场安全与健康”的课程，并在实训操作前由指导教师专门讲解；减少了一次性实训现场学生的人数；在操作现场教师及时进行必要的巡视；在砂轮工作区设置了相应的安全标志和警告；设置了透明的放置护目镜的工具柜，并把该项安全指标纳入教师和教学部门的绩效考核中。

课堂作业四

1. 为了防止噪声的伤害，你会选择什么防护用品？

2. 为了防止眼睛、脚的伤害，你会选择什么防护用品？

部分参考答案3

3. 判断正误并说明理由。

（1）危险管理是指对危险的评估、确认和控制。

（2）危险是指引起伤害和疾病的一种状态。

（3）风险评估有两个重要指标：可能性的大小及结果。

（4）通过管理控制风险比通过工程方式控制风险更有效。

（5）对机器的保养是工程控制减少风险的一个例子。

（6）采用个人防护设备是一种长期有效的做法，因为它的价格便宜，并容易实施。

（7）每一名员工都愿意主动穿戴个人防护用品。

4. 列出控制危险的六种方法。

5. 列出三种类型的个人防护用品。

任务五　正确使用人工搬运技术

走进课堂

讨论(见图 1-15)各种人工搬运姿势是否科学合理,并阐述理由。

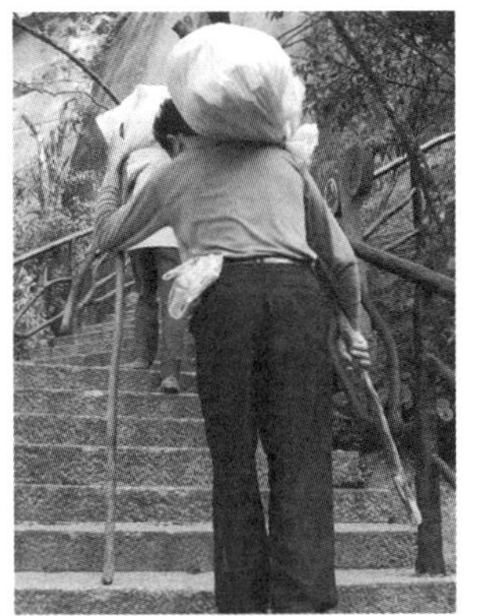

图 1-15　不同的搬运姿势

思考与提示

1. 不正确的人工搬运方法会给身体带来伤害吗?
2. 请具体列举几种伤害的类型。

正确的人工搬运方法可以减少对人体的伤害。

一、人工搬运潜在的危害

(1) 肌肉的拉伤。

(2) 关节的损伤。

(3) 腰肌的劳损。

二、人工搬运的正确步骤

人工搬运只限于体积不是很大、重量不超过 15 kg 的物体。当人工搬运一个零部件时，推荐以下操作步骤，其操作步骤如图 1-16 所示。

把脚放在一个安全、靠近搬运零件的地方

↓

弯曲膝盖，保持身体平衡

↓

用双手牢固、安全地夹紧零件

↓

挺直背部

↓

抬头，下巴微缩，在起立之前，做深呼吸

↓

挺直双腿，搬运零件

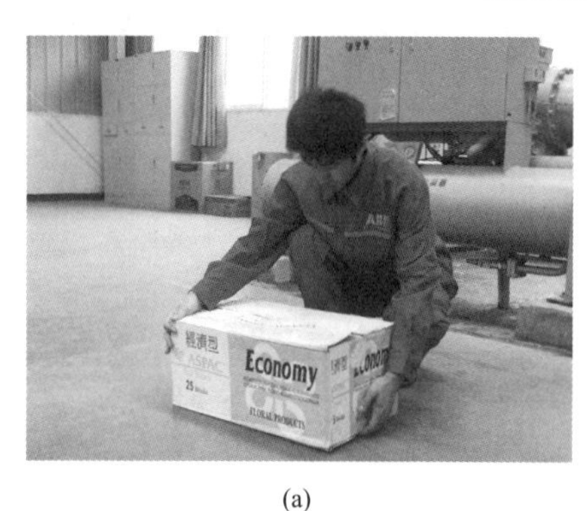

(a)

(b)

(c)

图 1-16 人工搬运的正确步骤

注意：在搬运零件的时候，千万不要弯曲你的背，那样对你的脊椎骨和背都有损害。

活动 1.6

举例鉴别人工搬运姿势是否正确

活动目的:掌握正确的人工搬运姿势。

活动步骤:第一步,观察图片(活动前准备的图片)。

第二步,指出错误的搬运姿势。

第三步,说明错误的搬运姿势可能给人带来的伤害。

活动建议:教师提问或学生模拟。

活动 1.7

请采用正确的姿势人工搬运重物

活动目的:正确实施人工搬运,防止背部、腰部、肩部受伤。

活动步骤:第一步,描述人工搬运重物的程序。

第二步,列出人工搬运的注意事项。

第三步,人工搬运重物。

活动建议:一部分人现场操作,另一部分人观察并评价,交换进行。

思考与练习

仔细观察图 1-17,指出这个搬运存在哪些行为错误并提出改正建议。

图 1-17

部分参考答案 4

课堂作业五

1. 列出三种不正确的人工搬运姿势及会给身体造成的危害。

2. 列出正确的人工搬运步骤。

3. 判断正误并说明理由。

(1) 工效学的含义是指工人按照科学的方式进行操作。

(2) 不是所有的工作都能实施人工搬运。

(3) 术语“慢性的”是指危险会立即发生。

(4) 人体能够正常、安全地实施手工搬运的重量应限制在 60 kg 以下。

4. 下面哪个因素是引起手工操作伤害最明显的原因?

(1) 粗笨的搬运姿势。

(2) 不正确的搬运方法。

(3) 力量的使用不平衡。

5. 下面哪个做法可以有效地降低手工操作的危险?

(1) 商品储存在货架的下面。

(2) 常用的工具、材料、设备安放在固定的位置。

(3) 提供安全的手工操作工具。

(4) 合理地布置工作线路,减少人工搬运过程。

单元内容小结

1. 通过对事故发生过程的认识,使学生建立职场安全意识,通过对职场安全潜在危险的识别,使学生掌握预防和控制危险的方法,并应用于工作场所。

2. 通过介绍国家、企业、员工的安全职责与法规,明确安全事故处理的程序与发生意外事故的赔偿办法。

3. 通过介绍职场安全标记、警告,识别其含义并能正确应用。

4. 通过介绍各类劳动防护用品的功能与类型,适当选择并正确穿戴防护用品。

5. 通过介绍正确的人工搬运方法,防止人身受到意外伤害。

知识测试题

1. 名词解释

(1) 职业健康安全

(2) 事故

(3) 风险评估

（4）危险源

（5）持续改进

（6）职业健康安全管理体系

2. 判断正误

在你认为健康、安全的说法前的方框中打钩并说明理由。

□（1）空调的温度过低。

□（2）老板让你使用不熟悉的工具、机器。

□（3）电话经常响，你感到厌烦。

□（4）货柜拥挤。

□（5）你整天用电脑。

□（6）车间的地板太滑。

□（7）消防出口被盒子挡住。

□（8）空气中有大量的灰尘和异味。

□（9）一个人做焊接工作未戴防护镜。

□（10）在车间你每天必须做大量的人工搬运工作。

3. 判断真假

你认为是真，在方框中打"√"；你认为是假，在方框中打"×"，并说明理由。

□（1）企业必须为员工提供午餐。

□（2）工作忙，车间不必是干净、整洁的。

□（3）新工人必须展示如何操作工具和设备。

□（4）企业必须使用安全标记和警告以提醒员工注意安全。

□（5）在噪声环境中，企业必须提供噪声防护用具。

□（6）企业员工必须参与健康与安全知识培训。

□（7）员工必须关注自己的健康和安全。

4. 书面报告

（1）列出与人工搬运有关的五种伤害。

（2）举出预防工作场所危险的五种方法。

（3）说明显著的（剧烈的）危险与潜在的（缓慢的）危险的区别。

（4）在你所看到的职场工作环境中列出五个具有潜在危险的例子。

（5）列举有害物质能够进入人体的四种方式。

（6）列举四种降低噪声的方法。

（7）描述四种能够有效地控制有害振动的方法。

（8）噪声的危险：

100~140 分贝（危险）　　20~60 分贝（安全）

部分参考答案 5

(9) 人体对噪声的承受极限:

115 分贝——0 分钟	110 分贝——5 分钟
102 分贝——30 分钟	99 分贝 ——1 小时
96 分贝 ——2 小时	93 分贝 ——4 小时
91 分贝 ——6 小时	90 分贝 ——8 小时

(10) 列举四种个人安全防护用品。

(11) 列出四种可能引起皮肤疾病的职业。

(12) 举出四种避免(减少)皮肤疾病发生的方法。

(13) 说出耳塞与耳套在防噪声方面各自的特点。

(14) 指出个人在进行电弧焊、气焊时,必须采用的个人防护用品。

(15) 描述三种主要的防护眼具。

(16) 列出四种在职场工作时脚容易受伤的情况。

(17) 描述口罩与防护呼吸器运行功能的不同。

(18) 当你进行手工举升物体时,请描述出五个安全的基本原则。

5. 指出图 1-18 中存在的安全隐患并说明理由

(a)

(b)

(c)

图 1-18 工作现场

案例分析

［**案例 1-1**］

某市建筑工地，一台输送砂浆的施工电梯正在运行，电梯司机发现机架上有一颗螺帽松动便报告了工长，工长让机修工王某处理。王某手拎工具在电梯未停情况下，从一楼外机架爬上二楼。王某正在上螺帽，电梯从一楼升起，电梯外箱一根伸出的链杆挂住了王某的下颌。由于王某出事位置在电梯另一侧，过了一会儿，电梯司机才发现架上的王某露出两只脚随电梯一同上升。王某被急送医院抢救，但因颈部动脉血管破裂抢救无效死亡。

［问题］

1. 事故发生的直接原因与间接原因有哪些？

2. 事故发生可能有哪些偶然性和必然性？

［问题分析］

1. 事故的直接原因：人的不安全行为——王某在未通知电梯操作人员和未断电的情况下修理电梯。

物的不安全状态——工作现场比较混乱，链杆外露。

事故的间接原因：管理不到位、教育不到位。

2. 导致事故发生的原因是偶然的，事故的发生是必然的。

［**案例 1-2**］

2014 年 8 月 2 日 7 时，中荣公司事故车间员工上班。7 时 10 分，除尘风机开启，员工开始作业。7 时 34 分，1 号除尘器发生爆炸。爆炸冲击波沿除尘管道向车间传播，扬起的除尘系统内和车间集聚的铝粉尘发生系列爆炸。当场造成 47 人死亡、185 人受伤，当天经送医院抢救无效死亡 28 人，事故车间和车间内的生产设备被损毁。

［问题］

1. 此次事故的直接原因有哪些？

2. 此次事故的间接原因有哪些？

3. 怎样才能预防此类事故的发生？

［问题分析］

1. 直接原因

事故车间除尘系统较长时间未按规定清理，铝粉尘集聚。除尘系统风机开启后，打磨过程产生的高温颗粒在集尘桶上方形成粉尘云。1 号除尘器集尘桶锈蚀破损，桶内铝粉受潮，发生氧化放热反应，达到粉尘云的引燃温度，引发除尘系统及车间的系列爆炸。

因没有泄爆装置，爆炸产生的高温气体和燃烧物瞬间经除尘管道从各吸尘口喷出，导致全车间所有工位操作人员直接受到爆炸冲击，造成群死群伤。

2. 管理原因

中荣公司无视国家法律，违法违规组织项目建设和生产，是事故发生的主要原因

（1）厂房设计与生产工艺布局违法违规。

事故车间厂房原设计建设为戊类，而实际使用应为乙类，导致一层原设计泄爆面积不足，疏散楼梯未采用封闭楼梯间，贯通上下两层。事故车间生产工艺及布局未按规定规范设计，是设计人员根据自己经验非规范设计的。生产线布置过密，作业工位排列拥挤，在每层 1 072.5 m^2 车间内设置了 16 条生产线，在 13 m 长的生产线上布置有 12 个工位，人员密集，有的生产线之间员工背靠背间距不到 1 m，且通道中放置了轮毂，造成疏散通道不畅通，加重了人员伤害。

（2）除尘系统设计、制造、安装、改造违规。

事故车间除尘系统改造委托无设计安装资质的昆山菱正机电环保设备公司设计、制造、施工安装。除尘器本体及管道未设置导除静电的接地装置、未按《粉尘爆炸泄压指南》（GB/T 15605—2008）要求设置泄爆装置，集尘器未设置防水防潮设施，集尘桶底部破损后未及时修复，外部潮湿空气渗入集尘桶内，造成铝粉受潮，发生氧化放热反应。

（3）车间铝粉尘集聚严重。

事故现场吸尘罩大小为 500 mm×200 mm，轮毂中心距离吸尘罩 500 mm，每个吸尘罩的风量为 600 m^3/h，每套除尘系统总风量为 28 800 m^3/h，支管内平均风速为 20.8 m/s。按照《铝镁粉加工粉尘防爆安全规程》（GB 17269—2003）规定的 23 m/s 支管平均风速计算，该总风量应达到 31 850 立方米/小时，原始设计差额为 9.6%。因此，现场除尘系统吸风量不足，不能满足工位粉尘捕集要求，不能有效抽出除尘管道内粉尘。同时，企业未按规定及时清理粉尘，造成除尘管道内和作业现场残留铝粉尘多，加大了爆炸威力。

（4）安全生产管理混乱。

中荣公司安全生产规章制度不健全、不规范，盲目组织生产，未建立岗位安全操作规程，现有的规章制度未落实到车间、班组。未建立隐患排查治理制度，无隐患排查治理台账。风险辨识不全面，对铝粉尘爆炸危险未进行辨识，缺乏预防措施。未开展粉尘爆炸专项教育培训和新员工三级安全培训，安全生产教育培训责任不落实，造成员工对铝粉尘存在爆炸危险没有认知。

（5）安全防护措施不落实。

事故车间电气设施设备均不防爆，电缆、电线敷设方式违规，电气设备的金属外壳未做可靠接地。现场作业人员密集，岗位粉尘防护措施不完善，未按规定配备防静电工装等劳动保护用品，进一步加重了人员伤害。

［**案例 1-3**］

在江苏某建设集团下属公司承接的某高层 5 号房工地上，项目部安排瓦工薛某、唐某拆除西单元楼内电梯井隔离防护。木工在设置 12 层电梯井时少预留西北角一个销轴洞，因而在设置 12 层防护隔离时，西北角的搁置点采用一根 ϕ48 钢管从 11 层支撑至 12 层作为补救措施。薛某、唐某在作业时均未按要求使用安全带

操作，而且颠倒拆除程序，先拆除 11 层隔离（薛某将用于补救措施的钢管亦一起拆掉），后拆除 12 层隔离。上午 10 时 30 分，薛某在进入电梯井西北角拆除防护隔离板时，3 个搁置点的钢管框架发生倾翻，人随防护隔离一起从 12 层（32 m 处）高空坠落至电梯井底。事故发生后，工地负责人立即派人将薛某送至医院，但因薛某伤势严重，经抢救无效，于当日 12 时 30 分死亡。

[问题]

1. 此事故的直接原因是什么？

2. 此事故的间接原因是什么？

3. 此事故的主要原因是什么？

[问题分析]

1. 安全防护隔离设施在设置时有缺陷，规定四根固定销轴只设三根，而补救钢管已先予拆除，是造成本次事故的直接原因。

2. 造成本次事故的间接原因有以下三方面：

（1）施工现场监督、检查不力，未能及时发现存在的隐患。

（2）劳动组织不合理，安排瓦工拆除电梯井防护隔离设施。

（3）安全教育不力，造成职工安全意识和自我防范能力差。

3. 项目负责人违章指挥，操作人员违章作业，违反先上后下的拆除作业程序，自我保护意识差，高空作业未系安全带，加之安全防护设施存在隐患，是造成本次事故的主要原因。

[案例 1-4]

1. 高温强辐射作业。例如冶金工业的炼焦、炼铁、炼钢、轧钢等车间，机械制造工业的铸造、锻造、热处理等车间，陶瓷、玻璃、搪瓷、砖瓦等工业的炉窑车间，火力发电厂和轮船上的锅炉等。

2. 高温高湿作业。高湿度的形成，主要是由于生产过程中产生大量水蒸气或生产上要求车间内保持较高的相对湿度所致。例如，印染、缫丝、造纸等工业中液体加热或蒸煮时，车间气温可达 35 ℃以上，相对湿度常高达 90%以上；潮湿的深矿井内气温可达 30 ℃以上，相对湿度可达 95%以上，如果通风不良就形成高温、高湿和低气流的不良气象条件，即湿热环境。

3. 夏季露天作业。如农业、建筑、搬运等劳动的高温和热辐射主要来源是太阳辐射。夏季露天劳动时还受地表和周围物体二次辐射源的附加热作用。

[问题]

1. 请分析上述三项高温作业的特点，其各自给人体带来的伤害是什么？

2. 高温造成作业工人生理功能改变的主要表现是什么？

[问题分析]

1. 高温强辐射作业特点是气温高、热辐射强度大，而相对湿度多较低，形成干热环境。人在此环境下劳动时会大量出汗，如果通风不良，则汗液难以蒸发，就可能因蒸发散热困难而发生蓄热和过热。

2. 高温高湿作业的气象特点是气温、湿度均高，而辐射强度不大。即使气温不高，但由于蒸发散热更为困难，故虽大量出汗也不能发挥有效的散热作用，易导致体内热蓄积或水、电解质平衡失调，从而发生中暑。

3. 夏季露天作业中的热辐射强度虽较高温车间低，但其作用的持续时间较长，且头颅常受到阳光直接照射，加之中午前后气温升高，此时如劳动强度过大，则人体极易因过度蓄热而中暑。

综上，高温可使作业工人感到热、头晕、心慌、烦、渴、无力、疲倦等不适感，可出现一系列生理功能的改变，主要表现在以下几方面：

体温调节障碍，由于体内蓄热，体温升高。

大量水盐丧失，可引起水盐代谢平衡紊乱，导致体内酸碱平衡和渗透压失调。

心率加快，皮肤血管扩张及血管紧张度增加，加重心脏负担，血压下降。但重体力劳动时，血压也可能升高。

消化道贫血，唾液、胃液分泌减少，胃液酸度减低，淀粉酶活性下降，胃肠蠕动减慢，造成消化不良和其他胃肠道疾病。

高温条件下若水盐供应不足可使尿浓缩，增加肾脏负担，有时可导致肾功能不全，尿中出现蛋白、红细胞等。

神经系统可出现中枢神经系统抑制，注意力和肌肉的工作能力、动作的准确性和协调性及反应速度的降低等。

［**案例 1-5**］

1. 局部振动作业。主要是使用振动工具的各工种，如砂铆工、锻工、钻孔工、捣固工、研磨工及电锯、电刨的使用者等进行作业。局部接触强烈振动主要是以手接触振动工具的方式为主。由于工作状态的不同，振动可传给一侧或双侧手臂，有时可传到肩部。长期持续使用振动工具能引起末梢循环、末梢神经和骨关节肌肉运动系统的障碍，严重时可患局部振动病。

(1) 神经系统：以上肢末梢神经的感觉和运动功能障碍为主，皮肤感觉、痛觉、触觉、温度功能下降，血压及心率不稳，脑电图有改变。

(2) 心血管系统：可引起周围毛细血管形态及张力改变，上肢大血管紧张度升高，心率过缓，心电图有改变。

(3) 肌肉系统：握力下降，肌肉萎缩、疼痛等。

(4) 骨组织：引起骨和关节改变，出现骨质增生、骨质疏松等。

(5) 听觉器官：低频率段听力下降，如与噪声结合，则可加重对听觉器官的损害。

(6) 其他：可引起食欲缺乏、胃痛、性功能低下、妇女流产等。

2. 全身振动作业：主要是振动机械的操作工。如震源车的震源工、车载钻机的操作工;钻井发电机房内的发电工及地震作业、钻前作业的拖拉机手等野外活动设备上的振动作业工人,如锻工等。接触强烈的全身振动可能导致内脏器官的损伤或位移,周围神经和血管功能的改变,可造成各种类型的、组织的、生物化学的改变,导致组织营养不良,如足部疼痛、下肢疲劳、足背脉搏动减弱、皮肤温度降低;女工可发生子宫下垂、自然流产及异常分娩率增加。一般人可发生性功能下降、气体代谢增加。振动加速度还可使人出现前庭功能障碍,导致内耳调节平衡功能失调,出现脸色苍白、恶心、呕吐、出冷汗、头疼头晕、呼吸浅表、心率和血压降低等症状。晕车、晕船即属于全身振动性疾病。全身振动还可造成腰椎损伤等。

我国已将振动病列为法定职业病。振动病一般是对局部疾病而言,也称为职业性雷诺现象、振动性血管神经病、气锤病和振动性白指病等。

[建议措施]

1. 改革工艺设备和方法,以达到减振目的,从生产工艺上控制或消除振动源是控制振动的最根本措施。

2. 采取自动化、半自动化控制装置,减少接振。

3. 改进振动设备与工具,降低振动强度,或减少手持振动工具的重量,以减轻肌肉负荷和静力紧张等。

4. 改革风动工具,改变排风口方向,工具固定。

5. 改革工作制度,专人专机,及时保养和维修。

6. 在地板及设备地基采取隔振措施(橡胶减振垫层、软木减振垫层、玻璃纤维毡减振垫层、复合式隔振装置)。

7. 合理发放个人防护用品,如防振保暖手套等。

8. 控制车间及作业地点的温度,保持在 16 ℃以上。

9. 建立合理的劳动制度,坚持工间休息及定期轮换工作制度,以利各器官系统功能的恢复。

10. 加强技术训练,减少作业中的静力作业成分。

11. 保健措施:坚持就业前体检,凡患有就业禁忌证者,不能从事该作业;定期对工作人员进行体检,尽早发现受振动损伤的作业人员,采取适当的预防措施及时治疗振动病患者。

[案例 1-6]

某成品油码头一艘汽油油船正进行清仓工作。由于清仓油泵发生故障,船上两位工作人员对其进行维修,工作人员甲下仓维修,工作人员乙在仓口做辅助工作。在维修过程中,汽油泄漏,仓中逐渐弥漫汽油蒸气。大约一刻钟后,甲突然歪倒在一边。乙知道甲已经中毒,一边大喊救人,一边下仓抢救,但还未到仓底,就出现中毒症状,随即往仓口爬,在前来抢救的工作人员的帮助下,才攀上甲板。抢救人员戴上防毒面具后迅速下仓,将甲也救上来。由于甲在仓中时间较长,中毒较深，已经昏迷不醒。经医院紧急抢救，两人才脱离危险。

［问题］

1. 汽油的毒性作用是什么？

2. 汽油中毒的临床表现是什么？

［问题分析］

一般情况下，人们对汽油的认识，往往只限于它具有易燃易爆的危险性，而忽视了它的毒性。这起事故告诉人们，应充分认识汽油的毒性、中毒症状，掌握相应的抢救方法，保证使用汽油时的安全。

1. 汽油的毒性作用：汽油是一种麻醉性毒物，主要作用于人的中枢神经系统，从而引起神经功能紊乱。

2. 汽油中毒的临床表现：人接触汽油蒸气的浓度达 38~49 g/m^3 时，4~5 min 便会出现明显的眩晕、头痛及麻醉感等。5~6 min 可能有生命危险。

［建议措施］

1. 对汽油的毒性要有足够的认识，不可麻痹。在工作过程中必须严格遵守有关的操作规程。

2. 国标规定汽油蒸气的最高容许浓度为 350 mg/m^3，所以生产、储存、使用场所的空间汽油浓度均应在此卫生标准以下，以确保安全生产。

3. 特别要注意防止汽油泼洒、渗漏，注意工作场所的通风。

4. 严禁用嘴吸取油料，特别是含铅汽油。禁止用含铅汽油灌装打火机。禁止用含铅汽油洗涤汽车零件和衣服。

5. 接触汽油操作应穿工作服，戴防护手套，下班时要用肥皂、清水洗净手、脸，有条件者最好洗澡。接触汽油后不要立即吃食物、抽烟。

6. 油库工作人员不要随意进入油罐内清扫底油。如需要清洗油罐时，应先采取自然通风或机械通风等办法，降低罐内汽油蒸气的浓度。进罐人员必须穿工作服、胶鞋，戴橡皮手套，必要时还要戴上过滤式防毒面具，系上保险带和信号绳。另外，油罐外面应有专人守护，随时联系，也便于轮换作业。每人连续工作时间不宜超过 15 min。

7. 工作中发现有头晕、头痛、呕吐等汽油中毒症状时，应立即停止工作，到空气新鲜的地方休息。严重者应尽快送到医院治疗。

8. 从事汽油作业的人员，就业前均应进行健康检查。凡患有神经系统疾病、内分泌疾病、心血管疾病、血液病、肺结核、肝脏病等人员不宜从事此类工作。在定期的健康检查中，凡确诊为上述疾病的患者均应调离接触汽油工作，进行治疗与疗养。

单元技能测试记录表

<table>
<tr><td>鉴定内容</td><td>确认、控制和避免工作场所危险</td><td>鉴定方法</td><td>模拟实作</td><td>鉴定人签字</td><td colspan="2"></td></tr>
<tr><td colspan="2" rowspan="2">关键技能</td><td colspan="3" rowspan="2">评价指标</td><td colspan="2">鉴定结果</td></tr>
<tr><td>通过</td><td>未通过</td></tr>
<tr><td colspan="2">1. 识别危险，采取控制措施</td><td colspan="3">学习者到职场观察，列出一种潜在的危险因素及其预防、控制措施</td><td></td><td></td></tr>
<tr><td colspan="2">2. 制订安全操作程序</td><td colspan="3">列出职场安全工作程序</td><td></td><td></td></tr>
<tr><td colspan="2">3. 识别安全标志及警示语</td><td colspan="3">确认职场安全标志及警告的含义</td><td></td><td></td></tr>
<tr><td colspan="2">4. 按规定穿戴安全服</td><td colspan="3">根据工作环境恰当地选择防护品
正确穿戴安全服</td><td></td><td></td></tr>
<tr><td colspan="2">5. 实施正确的人工搬运操作</td><td colspan="3">设置一种重物
正确进行人工搬运</td><td></td><td></td></tr>
<tr><td colspan="7">鉴定者评语：</td></tr>
<tr><td>鉴定成绩</td><td></td><td>鉴定时间</td><td></td><td>被鉴定人签字</td><td colspan="2"></td></tr>
</table>

单元课程评价表

姓名：________________　　　　　　日期：________________

当你完成了本单元的学习，我们希望你能对下面的项目提出你的建议。

请在相应的栏目内打钩	非常同意	同意	没有意见	不同意	非常不同意
1. 本单元给我提供了发现安全与健康隐患很好的综述					
2. 本单元帮助我理解了安全与健康的理论					
3. 我现在对尝试学习下一单元更有自信了					
4. 该单元的内容适合我的学习					
5. 该单元中举办了各类活动					
6. 该单元中不同的部分融合得很好					
7. 教师待人友善，愿意帮忙					
8. 该单元的教学让我做好了参加鉴定的准备					
9. 该单元的教学方法对我的学习起到了帮助作用					
10. 该单元提供的信息量正好					
11. 评估与鉴定公平、适当					

你对将来改善本单元的教学有什么建议？

____

____

能力单元二　设备的维修保养及工作区域的整洁

单元概述

一、单元能力标准

能力要素	实作标准	知识要求
设备的维修保养及工作区域的整洁	1. 设备的维修保养 2. 保持工作区域的整洁	1. 设备维修保养的知识 2. 保持工作区域整洁的知识

二、单元学习目标

建立保持职场工作环境中设备、工作区域清洁整齐的意识，能够正确使用、维修保养、清洁工具，并能对设备、工作区域进行保洁。

三、单元内容描述

介绍职场管理与安全、健康的工作场所的基本要求，介绍如何正确清洁工作场所、设备，如何阅读设备保养说明书与手册，如何对设备进行维修保养，如何正确使用清洁工具。

四、学习本单元的先决条件

学习者需要具备一定的听、说、读、写能力；具有一定的判断思维能力；能按照教师制订的活动程序完成“任务”。

五、单元工作场所的安全要求

保持工作场所的清洁、整齐；按照安全操作要求使用清洁工具。

六、单元学习资源

学习参考资料	设备与设施
1.《中国职业安全健康管理体系内审员培训教程》 2.《职业安全与健康管理体系规范》 3.《中华人民共和国安全生产法》 4. 厂商清洁工具使用手册、说明书 5. 设备保养说明书	清洁工具和用品、防护用品、维修工具

七、单元学习方法建议

可采用小组教学讨论法、现场观察、实作、模拟教学法，尽可能在真实的工作场所中安排1~2次教学，教师在课堂上的讲授时间原则上控制在教学时间的1/2以内，充分利用学生之间的互相学习和技能练习完成教学目标。每一个单元结束，必须安排鉴定与测试，同时用统一的问卷收集信息反馈，分析教学情况并作出及时的调整。

任务一　设备的维修保养

走进课堂

某厂2号机组并网运行，负荷300 MW。运行中2号机组汽机6.8 m突然发出较大的吡气声，检查发现2号机汽机2、4高压进汽导管发生了疏水集管三通块焊口撕裂泄漏，输水管与集管三通块全部脱开。机组负荷由300 MW降到200 MW，后降到100 MW，2号机组被迫停机。停机后检查发现，2、4高压进汽导管疏水至疏水集管三通块的疏水管焊口撕裂。对焊口进行光谱分析，所选管材材质及尺寸符合设计要求，所选焊条符合规范。对焊口断裂检查，未发现有裂纹现象，确认为焊口质量问题，焊肉太少，强度不足致使焊口撕裂。

1. 如果没有及时检查并发现设备出现的问题会有什么后果？

2. 为什么要对设备进行维修保养？

设备长期使用，其功能和可靠性明显降低，形成潜在的危险源，所以必须对设备进行有效的维修保养。

设备的维修保养是设备在使用的过程中自身运动的客观要求。由于设备的运动、磨损、内部应力等物理、化学变化过程，必然会发生技术状况的不断变化，以及一些不可避免的不正常现象。做好设备的维修保养工作，及时地检查处理本身的各种问题，改善设备的运转状况，就能防患于未然，消除不应有的摩擦和损坏，把事故消灭在发生之前。

设备维修是指为保持、恢复以及提升设备技术状态进行的技术活动。其中包括保持设备良好技术状态的维护、设备劣化或发生故障后恢复其功能而进行的修理以及提升设备技术状态进行的技术活动。主要包括设备维护保养、设备检查检测以及设备修理。

设备保养是指对设备在使用中或使用后的护理。

一、使用设备的“五项纪律”

(1) 凭操作证使用设备，遵守安全操作规程。

(2) 经常保持设备清洁，并按规定加油。

(3) 遵守设备交接班制度。

(4) 管理好工具、附件，不得遗失。

(5) 发现异常，立即停车，自己不能处理的问题应及时通知有关人员检查处理。

二、设备维修的“四项要求”

(1) 整齐：工具、工件、附件、安全防护装置、线路及管道整齐、齐全、安全完整。

(2) 清洁：设备内外清洁无油垢，设备四周切屑垃圾清扫干净。

(3) 润滑：按时加油换油，油质符合要求，各润滑器具、油毡、油线、油标保持清洁，油路畅通。

(4) 安全：即严格执行设备的操作规程和使用规程，合理使用，精心维护，安全无事故。

三、设备维修保养前的准备工作

(1) 编制设备的维修保养规程。

(2) 学习了解设备的结构、性能，阅读厂商的设备保养手册。

(3) 准备必需的维修保养工具。

(4) 选择合适的防护用品并穿戴。

(5) 隔离设备(切断电源)。

四、设备的安全检查

检查设备的安全状况，是设备维修保养的重要手段。

(一) 检查的主要内容

(1) 设备的安全运行及维修情况。

(2) 设备的安全防护装置。

设备的日常检查。维修工人应根据设备检查标准书的要求，对主要设备(见图 2-1)每天进行定期检查并记录，填好设备日常检查记录表(见表 2-1)。

图 2-1 某车间的主要生产设备

表 2-1 设备日常检查记录表

______车间 ____年___月___日

设备名称	设备编号	检查内容	检查情况(日)								
			1	2	3	…	…	★	▽	×	○
		温度									
		压力									
		声响									
		振动									
		泄漏									
	检查者签名：										

注：(1) ★：运行正常；▽：运行尚可；×：带病运转；○：停车检修。

(2) 如遇处理不了或判断不出的情况要及时向上级汇报。

（二）安全检查的主要方法

（1）定期安全检查。

（2）专业性安全检查。

（3）经常性安全检查。

（4）季节性及节假日前后安全检查。

五、设备的维修保养工作

（一）设备的维修

（1）明确需要维修的部位或部件。

（2）确定维修方法。

（3）正确使用维修工具。

（4）不能及时消除的设备缺陷要立即向上级汇报。

（5）维修结束后做好设备及环境的清洁工作。

如图 2-2 所示为某车间设备维修现场。

图 2-2　设备维修现场

（二）设备的保养

1. 设备润滑

（1）制订设备润滑指示表（见表 2-2）。

（2）明确润滑方法。

（3）设备润滑的“五定”：定人（定人加油）；定时（定时换油）；定点（定点给油）；定质（定质进油）；定量（定量用油）。

润滑剂“三级过滤”：液体润滑剂在进入企业总油库时要经过过滤；放入润滑容器要过滤；加到设备中时也要过滤。

表 2-2 设备润滑指示表

序号	设备名称及规格型号	润滑点编号	润滑方式	规定用油名称代号	加油标准	加油		换油		润滑负责人
						时间	数量	周期	数量	

2. 设备防腐

(1) 建立相关的管理制度。

① 防腐操作程序。

② 防腐施工质量检查、验收制度。

③ 防腐设备使用规程。

(2) 建立防腐蚀设备档案。

设备名称、型号、操作温度、压力、检查情况等。

注意:设备防腐所用原料,大都属于易燃、易爆和有毒有害物质,所以防腐施工时应注意安全。

活动 2.1

制订一份设备维修保养计划书

活动目的:明确设备维修保养工作的步骤及注意事项。

活动步骤:第一步,按要求做好设备维修保养前的准备工作。

第二步,对设备进行检查。

第三步,维护保养设备活动建议。

活动建议:采用模拟学习法。

思考与练习

某年 8 月,某钢铁公司制氧厂发生爆炸事故,爆炸造成 22 人死亡,24 人受伤,造成厂房六跨三面砖砌墙体及二楼混凝土楼板坍塌,厂房柱子倾斜,房顶制板倒塌,主厂房外的偏跨也随之倒塌,配电室及主控室内电气、仪表设施损坏,1号空压机电机、膨胀机及油站等损坏,空分塔冷箱板骨架及上下塔支承部分断裂,冷箱板底部北面凹进,塔内设备部分倾斜。

事故发生的背景:该公司根据设备运行情况,计划从8月21日零时起,进行为期4~5天的以炼钢转炉除尘设备改造、连铸机高效化改造为中心的全面计划检修,安排制氧厂3台制氧机同步分别检修。8月10日下达了《设备检修计划表》,安排1号1 500 m^3 制氧机于21日零时至21日16时检修,由制氧厂的二车间和维修车间负责;2号1 500 m^3 制氧机于21日16时至23日8时检修;3 200 m^3 制氧机于23日3时至24日8时检修。计划分别对3台制氧机依次进行大加温,并进行有关设备和阀门等的小修或更换。检修前,对参与检修的人员进行了一般的安全教育,要求在现场严禁吸烟和动火,要穿戴防护用品。这次制氧机停机检修,由制氧厂分管设备的副厂长负责。检修前的准备工作,由制氧厂分管生产及安全的副厂长(在事故中受伤)负责并现场组织,生产安保科长(在事故中受伤)、安全员(在事故中死亡)、运行二车间主任(在事故中死亡)、运行二车间副主任(在事故中受伤)、维修车间副主任(在事故中死亡)及维修人员参加。8月20日23时40分,指挥人员安排停1号1 500 m^3 机组并排放液氧。21日零时,公司扒珠光砂人员26人及检修人员10人陆续进入检修现场,加上已在现场当班的17人(因检修需要,空压机运行),现场共有53人。当时,制氧厂2名维修人员正在拆空分塔八孔螺丝(还剩6个没拆完),公司项目经理(在事故中受伤)指挥维修人员用编织袋填塞空分塔周边的缝隙。在1号制氧机操作室指挥的副厂长,打电话通知3 200 m^3 制氧机停止使用外购液氧。21日零时10分,当维修人员拆八孔螺丝还剩2个时,突然火光一闪,随即一声巨响,发生爆炸事故。

[问题]

1. 试分析这次事故的原因。
2. 总结事故教训并提出整改意见。

课堂作业一

1. 设备保养前的准备工作应注意哪些问题?
2. 实施保养时应怎样选择防护用品?
3. 填写一份设备日常检查表。

任务二 保持工作区域整洁

走进课堂

福建省某县制药厂发生汽油爆炸事故，死亡65人，重伤35人，直接经济损失39万余元，间接经济损失367.7万余元。

当日，该厂冰片车间粗结工段3位早班工人（1位女工）于7时30分前上班，其中1人先到即去加热溶解锅，拉原料，开真空泵，另2人到粗结房车边结晶槽退油料。后来这2人中的女工帮开泵的工人拉聚氯乙烯塑料管到西南角第一组结晶槽内抽油。抽完油后，开泵者就将管插到第一槽里抽油，又去拉原料。该女工在第二槽铲冰片，约过五六分钟之后，即8时2分，无接地装置的聚氯乙烯管在抽油过程中产生静电，引起火灾。开始火焰并不大，但因结晶工段易燃品遍布，车间布局不合理，导致火势迅速蔓延，加之厂领导指挥不当，工人一拥而上，灭火方法不当，引出火种，连续爆燃，封死了退路，大火燃烧了2个多小时。约至10时40分火才被扑灭，正、副厂长及书记等共65人死亡，烧伤35人，烧毁厂房647.18 m^2，汽油24.31 t，冰片10.23 t和结晶工段的整套生产设备。

思考与提示

1. 为什么要保持工作区域的整洁？

2. 怎样的工作区域才是安全的？

3. 机械设备摆放不当、机械设备的维修保养不合理、工作区内原材料乱摆乱放、生产维修等工具和零部件的放置杂乱无章、工作人员穿戴不整、工作环境脏污会导致什么结果？

清洁、整齐、规范的工作区域才是安全的。

一、区域的基本要求

（1）地面无杂物、无油污、无水迹。

（2）工作区域整齐、清洁，如图2-3所示。

（3）物体堆放有序、稳定。

（4）墙面无不稳定的悬挂物。

（5）工具在工具箱里或橱窗里，如图 2-4 所示。

图 2-3　清洁的工作区域

图 2-4　摆放整齐的维修工具

二、布置合理的工作区域

工作区域的环境对工作人员的行为、心理及情绪等都有一定的影响，一个合理的、整洁有序的工作环境可以减少潜在的危害。布置合理的工作区域有以下要求：

（1）便于工作人员操作、观察。

（2）工作人员作业姿势舒适。

（3）安全标志齐全、醒目。

（4）清除不需要的物品。

（5）经常使用的工具、元件放在易见易及的地方。

（6）现场的采光、照明、噪声、温度、湿度及通风换气符合标准。

三、整洁的工作区域

工作区域整洁与否，是衡量安全工作的一个重要标准，一个脏乱无序的工作环境将直接引发事故。如：

（1）溢出的石油、汽油及油脂等容易造成人员滑倒。

（2）乱拉乱接的临时线，容易绊倒工作人员或发生触电事故。

（3）摆放不整齐的管道、角钢、金属杆、平钢及车辆零部件等容易掉下砸伤人。

（4）物料放置不当，可能因为物料本身的危险性或物料之间的反应而造成事故。

（5）长发、金属表、金属链、手镯、项链经常会被机器绞住而发生事故。

（6）排出来的烟雾、尘毒易导致工人患职业病。

安全的工作环境和不安全的工作环境分别如图 2-5 和图 2-6 所示。

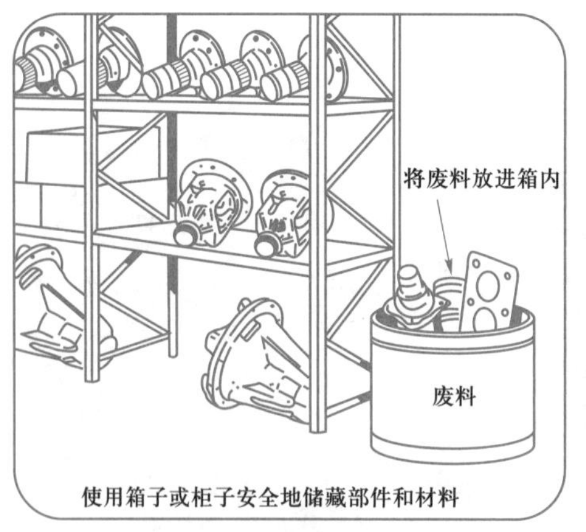

图 2-5　安全的工作环境

图 2-6　不安全的工作环境

四、脏污的环境也会对设备造成影响

(1) 异物进入设备使设备运转能力下降。

(2) 油污等腐蚀设备,导致设备受损。

(3) 杂乱物质混入原材料或成品中影响产品质量。

五、6S 生产现场管理

整理:将工作场所的任何物品区分为有必要和没有必要的,除了有必要的留下来,其他的都消除掉。腾出空间,空间活用,防止误用,塑造清爽的工作场所。

整顿:把留下来的必要用的物品依规定位置摆放,并放置整齐加以标识。工作场所一目了然,消除寻找物品的时间,整整齐齐的工作环境,消除过多的积压物品。

清扫:将工作场所内看得见与看不见的地方清扫干净,保持工作场所干净、亮丽的环境。稳定品质,减少工业伤害。

清洁:将整理、整顿、清扫进行到底,并且制度化,经常保持环境处在美观的状态。创造明朗现场,维持上述 3S(整理、整顿、清扫)成果。

素养:每位成员养成良好的习惯,并遵守规则做事,培养积极主动的习惯。培养良好习惯、遵守规则的员工,营造团队精神。

安全:重视成员安全教育,每时每刻都有安全第一观念,防患于未然。建立起安全生产的环境,所有的工作应建立在安全的前提下。

“6S”中整理、整顿、清扫是具体内容,清洁是指将上面的 3S 实施的做法制度化、规范化,并贯彻执行及保持效果。素养是指培养每位员工养成良好的习惯,并遵守规则做事,开展 6S 容易,但长时间维持必须靠素养的提升;安全是基础,要尊重生命,杜绝违章。

活动 2.2

清洁整理工作区域

活动目的:能正确地清洁工作区域并达到要求。

活动步骤:第一步,地面、工作台污渍的清理。

第二步,工具、零部件、原材料的摆放。

第三步,讨论是否合理。

活动建议:采用现场操作式或模拟操作式。

思考与练习

6月3日5时20分至50分左右,宝源丰公司员工陆续进厂工作(受运输和天气温度的影响,该企业通常于早6时上班),当日计划屠宰加工肉鸡3.79万只,当日在车间现场人数395人(其中一车间113人,二车间192人,挂鸡台20人,冷库70人)。

6时10分左右,部分员工发现一车间女更衣室及附近区域上部有烟、火,主厂房外面也有人发现主厂房南侧中间部位上层窗户最先冒出黑色浓烟。部分较早发现火情人员进行了初期扑救,但火势未得到有效控制。火势逐渐在吊顶内由南向北蔓延,同时向下蔓延到整个附属区,并由附属区向北面的主车间、速冻车间和冷库方向蔓延。燃烧产生的高温导致主厂房西北部的1号冷库和1号螺旋速冻机的液氨输送和氨气回收管线发生物理爆炸,致使该区域上方屋顶卷开,大量氨气泄漏,介入了燃烧,火势蔓延至主厂房的其余区域。

[事故直接原因]

宝源丰公司主厂房一车间女更衣室西面和毗连的二车间配电室的上部电气线路短路,引燃周围可燃物。当火势蔓延到氨设备和氨管道区域,燃烧产生的高温导致氨设备和氨管道发生物理爆炸,大量氨气泄漏,介入了燃烧。

造成火势迅速蔓延的主要原因:一是主厂房内大量使用聚氨酯泡沫保温材料和聚苯乙烯夹芯板(聚氨酯泡沫燃点低、燃烧速度极快,聚苯乙烯夹芯板燃烧的滴落物具有引燃性)。二是一车间女更衣室等附属区房间内的衣柜、衣物、办公用具等可燃物较多,且与人员密集的主车间用聚苯乙烯夹芯板分隔。三是吊顶内的空间大部分连通,火灾发生后,火势由南向北迅速蔓延。四是当火势蔓延到氨设备和氨管道区域,燃烧产生的高温导致氨设备和氨管道发生物理爆炸,大量氨气泄漏,介入了燃烧。

[造成重大人员伤亡的主要原因]

一是起火后,火势从起火部位迅速蔓延,聚氨酯泡沫塑料、聚苯乙烯泡沫塑料等材料大面积燃烧，产生高温有毒烟气，同时伴有泄漏的氨气等毒害物质。二是主厂房内逃生通道复杂，且南部主通道西侧安全出口和二车间西侧直通室外的安全出口被锁闭，火灾发生时人员无法及时逃生。三是主厂房内没有报警装置，部分人员对火灾知情晚，加之最先发现起火的人员没有来得及通知二车间等区域的人员疏散，使一些人丧失了最佳逃生时机。四是宝源丰公司未对员工进行安全培训，未组织应急疏散演练，员工缺乏逃生自救互救的知识和能力。

［问题］

根据你所学的知识，说明该企业需要做哪些改进措施来预防此类事故的发生和降低事故损失。

课堂作业二

1. 说明为什么要保持工作区域的整齐、清洁。
2. 列出三种清洁工具的使用方法。
3. 实施一次实训场地的清洁和设备的保养，并提交一份报告(认识与体会)。

单元内容小结

1. 通过介绍工作环境与安全健康的关系，明确怎样实施工作场所的管理，才能保证人身安全。

2. 通过介绍怎样正确地清洁工作场所、维护保养设备，让学习者了解清洁工作场所、保养设备与健康、安全的重要联系。

3. 通过介绍怎样使用清洁工具，让学习者能正确操作清洁及保养工具。

4. 通过介绍怎样阅读设备保养说明书，让学习者建立按程序操作的安全意识。

知识测试题

1. 描述健康与安全的工作场所的特征。

2. 描述不健康与不安全的工作场所的特征。

3. 简述谁应该对职场环境负责。

4. 描述三个健康与安全工作场所的基本要求。

5. 讨论并描述符合健康与安全要求的工作场所的布置和设备标准。

6. 列出三个与材料取用、储存有关的潜在危险的例子。

7. 当需要储存物品时，列出五个安全注意事项。

8. 判断正误并说明理由。

(1) 停止操作系统是一种“隔离”控制的例子。

部分参考答案 6

(2) 企业的规章制度应该包含电动工具的使用。

(3) 噪声是指任何让人不愉快和不舒服的声音。

(4) 使眼睛产生共振的频率是 30~50 Hz。

(5) 在工作的某一个区域光线太强会对眼睛造成伤害。

(6) 低体温危害是指过冷的环境或物质给人体带来的危害。

(7) 电磁辐射是辐射的一种。

(8) 离子辐射不是电离辐射。

(9) 重力的滑落是造成物体损坏的主要原因。

(10) 要保持工作区域的安全、整洁所需的费用是昂贵的。

(11) 保持工作区域的安全与健康通常比其他方式控制危险要容易。

案例分析

[案例 2-1]

7 月 10 日 22 时 16 分,矿山分厂 1004 皮带机出现速度开关报警跳停。局控操作员莫某某随即电话通知当班巡检工陆某,此时陆某正在 1004 皮带机头部巡检,局控操作员莫某某便让当班巡检工陆某对皮带机进行检查,陆某在仅对皮带机头部进行了检查后,认为正常就通知了局控开机,22 时 20 分再次出现速度开关报警跳停,局控操作员莫某某在未通知当班巡检工陆某进行进一步检查的情况下于 22 时 23 到 22 时 43 分之间连续开机 5 次,均出现速度开关跳停。22 时 45 分最后一次跳停后,当班巡检工陆某在向尾轮巡检途中发现皮带已撕裂,经检查发现在尾轮处卡有一根约 1 m 长的钢管,将皮带撕裂约 475 m 左右。事故发生后,兴业海螺立即组织相关部门召开了紧急会议,认真对此次事故进行了反思和严肃处理,并及时成立了以公司班子为组长的抢修小组,统一调配公司所有维修精干力量对该皮带进行修补处理,于 7 月 12 日 18 时左右抢修完毕,负荷运行正常。

[问题]

请分析此次事故原因。

[原因分析]

1. 矿山分厂前期在开采平台进行设备维修作业时,未能做到人走场清,将一根长约 1 m 的检修用加力钢管遗失在开采平台上,且在铲装及运输过程中也未被及时发现,导致钢管被带入破碎及输送系统,卡在 1004 皮带机尾轮处,是造成此次事故发生的直接原因。

2. 当班局控操作员岗位操作技能较差,皮带机每次跳停后 DCS 操作画面均显示为速度开关保护跳停,但操作员未能按操作规程通知岗位工对皮带机尾轮速度开关等部位进行全面检查,仍然多次开机。同时当班巡检工工作责任心不强,在皮带机出现保护跳停后,未能对皮带机进行全面检查，且在原因未查清的情况下便通知局控开机，是造成本次事故发生的主要原因。

［建议措施］

1. 定期组织对设备安全保护进行检查确认，确保各种保护装置运行可靠；设备保护跳停后，必须对现场进行全面检查，原因未查清禁止开机。

2. 针对矿山管理要对石灰石爆破、铲装及运输过程中铁器等异物的检查和清理，拟定相关的检查规程，防止金属铁器等异物进入破碎及皮带机输送系统。

3. 对皮带机、板喂机各下料口衬板等耐磨件、皮带机托辊、缓冲挡板、清扫器及除铁器等设备按要求定期检查确认并形成检查记录，及时发现和处理设备存在的隐患，并制定相应防范措施。

4. 加强员工的责任心教育和技能培训，提高员工工作责任心和工作技能，使员工熟知岗位操作规程，掌握必备的应知技能。

5. 检修过程中要严格遵守检修规范，检修结束后项目负责人要认真对检修后现场异物进行清理确认，避免因检修后现场清理不到位而发生同类设备事故。

6. 加强对中控操作员责任心教育，注重对皮带机等设备运行参数的跟踪，及时发现运行隐患，避免设备事故的发生。

［案例 2-2］

某化工厂电解车间液氯工段包装岗位，在充装钢瓶时发生爆炸，3 人当场死亡，2 人受伤。当班的 3 人负责在包装台灌液氯钢瓶，2 人负责推运钢瓶。当需要灌装时，这 2 人在察看了 157 #（容量半吨）钢瓶的合金堵头和外观，认为无问题，即推上了磅秤，操作者未认真抽空即充氯，充氯 1 分钟后，157 #钢瓶发生猛烈爆炸。钢瓶瓶体纵向开裂，并向相反方向弯曲，还有许多碎块四处飞溅。

［问题］

请分析事故原因。

［问题分析］

1. 据调查，爆炸的直接原因是钢瓶内存有环氧丙烷，它与液氯混合会发生剧烈的化学反应，引起爆炸。

2. 充装现场钢瓶横七竖八，合格和不合格的钢瓶混放在一起；钢瓶安全附件不全；表面锈蚀严重，标志不清；钢瓶没有定期检验。

［案例 2-3］

某糖厂煮炼车间 2#甲糖分离机（XZ1200B 型上悬式自动卸料离心机，以下简称离心机）在运行中转鼓（筛篮）突然爆裂，撞击离心机转鼓保护外壳，使部分外壳飞脱击中操作台面的 4 名工作人员，造成重大伤亡事故。据相关的人员介绍，该离心机已运行了 18 年，在该榨季一直安全运行，事故发生前，已完成甲糖的第一筛分离。接着进行第二筛，在装料时正常运转，但在运转的加速过程中，离心机转鼓突然破裂，造成事故。

［事故原因］

转鼓破裂的主要原因是转鼓材料的硬化和壁厚的严重减薄。

［建议措施］

1. 对使用10年以上的离心机进行一次较全面的安全检查。检查结果对照有关标准要求，以判别转鼓是否可继续安全运转。

2. 在工厂每年休榨期间的设备检修工作中，对转鼓上的连接焊缝进行无损探伤，以及时发现新的裂纹，采取措施，防止事故发生。

3. 进一步完善离心机的操作规程，提高安全运行的可靠性：对于黏度大的糖液料，必须做到均匀加料、稳步加速分离的要求，以避免装料及布料不均、分离排液困难等引起振动过大或局部应力增加。

［案例2-4］

第一条　当班班组按所负责范围进行维护保养。

第二条　维修班按所负责范围进行维护保养。

第三条　每月填写一份维护保养报表，于保养后当天交给领班，并填好派工单。

第四条　次月上旬由主管、班组长进行检查，作为员工评估的依据。

第五条　设备因维护保养不好而造成事故，要由当班班组长填写事故报告，并按事故性质和损失程度进行处理。

第六条　开关、插座的清洁检查工作，开关、插头、插座、机器接零保护检查紧固，由当班电工巡检。

第七条　机器的分机保养（分区保养）：各车间的机器，为了使在机器运转过程中容易失灵的机件保持良好的状态，延长其使用寿命，以保证机器正常生产，修机工对所分管的机台应进行巡回检修。在巡回检查过程中发现问题，及时修理，保持机器正常运转，保证机器完好，促进生产计划的完成。机器保养要做到以下几方面：

（1）每班巡回检查2次。

（2）上班时做好加油工作。

（3）保持机件齐全、螺丝拧紧。

（4）做好机台清洁卫生工作，做到漆见本色、铁见光。

（5）机器保养采用分机保养，分工负责，定机、定人。

（6）认真做好保养机器的工作，保证台台完好。

第八条　电器设备保养要做到以下几方面：

（1）对电器设备的开关、控制箱的完好情况，每3个月检查一次。

(2) 对配电间的电器开关、电表的完好及清洁，每一个月检查一次。

(3) 每6个月对电线、路灯检查一次。

(4) 对车间的电动机，每半年检查一次。

(5) 防暑降温的电动机(排风、吊扇、台扇)，每年检修一次，在每年“五一”节前检修完。

(6) 油开关每年换油一次。

第九条 机床维护保养

机床使用保养要做到以下几方面：

(1) 机床运转时禁止变速，以免损坏机器的齿轮。

(2) 过重的工作物，不要夹在工具上过夜，否则要在工作物下面垫上垫物。

(3) 尺寸较大、形状复杂而装夹面积又小的工件在校正时，应预先在机床床面上安放木垫，以防工件落下时损坏床面。

(4) 禁止突然开倒车、顺车，以免损坏机床零件。

(5) 工具刀具及工作物不能直接放在机床的导轨上，以免把机床导轨碰坏产生咬坏导轨的严重后果。

(6) 每天下班前一刻钟，必须做好机床的清洁保养工作，严防切屑和杂质进入机床导轨的滑动面，把导轨咬坏。机床使用后应把导轨上的冷却润滑油擦干并加机油润滑保养。

(7) 各油眼每班至少加油3次，以保持油眼的清洁与畅通。

(8) 各类机器(机床)定机定人，非规定操作人员，未经组长安排和机床保养人员的同意不准随便开动。

[问题]

请参照以上设备维修保养制度并利用你所学到的知识撰写一份有关设备维护保养及工作区域清洁的规章制度。

[案例2-5]

8月21日08:11左右，重庆海螺1号长皮带机运行过程中突然发出一声巨响，现场巡检工邓某某听到异常声音后，随即通过现场拉绳开关停止皮带机驱动，并通知中控停止系统运行。在中控室通过设置在现场的摄像头检查皮带机情况，发现在平洞口附近胶带接头已经断裂。停机后，重庆海螺立即组织相关人员对现场情况进行全面检查，发现1号皮带机在平洞内发生胶带接头断裂，其中一个接头沿回程托辊滑移到平洞外，两接头距离约1 km左右。

事故发生后，重庆海螺将现场情况及时向股份公司领导和相关部室进行汇报，并成立了以公司领导为组长的检修领导组，统一调配公司所有维修力量对1号皮带机进行抢修。

8 月 23 日 16:40 左右，现场在抢修牵引平洞外胶带时，发生检修钢丝绳断裂，平洞外回程胶带再次向皮带机头部方向发生滑移，两接头距离扩大至 6 km 左右，增加了抢修难度。经过全力连续抢修，于 9 月 15 日 11:30 左右接头硫化结束，皮带机投入运行，现场重新胶接了 8 个接头。

［事故分析］

重庆海螺矿山石灰石输送 1 号长皮带已经运行超过 1 年时间。该长皮带总长 6.3 km，有 62 个硫化接头，胶带型号 ST-2500，带宽 1 400 mm，物料落差达 330 m，属于大倾角下运皮带机，距离长、工况复杂，运行管理难度大。

在检修过程中，重庆海螺随机抽取长胶带一接头到中煤科工集团上海研究院检测中心进行强度检测，检测结果为强度达到胶带本体设计强度的 90%，符合接头强度要求。因现场情况复杂，胶带接头较多，无法判定此次断裂接头是否存在胶接质量问题。

［事故原因］

1. 现场对长皮带运行管理存在薄弱环节，对长皮带接头的日常检查不到位，长皮带机隐患的整治工作没有引起重视，是造成此次接头在运行中发生断裂事故的主要原因。

2. 胶带发生接头断裂后，恢复方案制定不细致，抢修过程中，准备不充分，检修中钢丝绳断裂引起胶带长距离的滑移，是造成接头恢复时间长、事故扩大的直接原因。

［建议措施］

1. 公司各单位要从本次皮带断裂事故中吸取教训，根据近期下发的《长皮带检修及运行管理维护保养的通知》相关要求，结合公司现场实际情况加强对长皮带的运行管理及检修管理，确保长皮带运行受控。

2. 有长皮带运行的单位，要安排专人专职负责长皮带的运行管理，完善长皮带的各类运行信息统计，提高长皮带存在问题处理的及时性。

3. 加强皮带机的点巡检，严格按照设备四级点巡检要求完善长皮带的检查，定期对长皮带运行过程中可能存在的问题做好各类检查，及时发现长皮带各类隐患，杜绝设备长期带病运行。

4. 各单位要组织对运行皮带机接头进行全面检查，对于存在隐患的接头，要进行全面整改，防止接头突发性断裂再次发生。检查发现长皮带有鼓包、龟裂、脱胶、断钢丝等现象时要立即安排处理，杜绝带病运行。

5. 提高皮带接头的胶接质量管理，胶带检修硫化时，要对硫化皮带的接头长度、形式以及硫化时间等参数进行研讨优化，规范胶料管理，杜绝使用不合格胶料，改善接头硫化环境，提高接头内部清洁程度，做好胶接环节控制，确保接头质量合格。

6. 各单位要完善相关的检查规程，防止金属铁器等异物进入皮带输送系统。对皮带机各下料口的衬板等耐磨件及缓冲挡板、清扫器等进行彻底检查，及时发现处理存在的问题，防止胶带撕裂现象发生。

7. 各单位加强员工责任心教育和岗位培训，提高各级人员对长皮带的驾驭能力，改善长皮带的综合管理，避免长皮带事故再次发生。

单元技能测试记录表

<table>
<tr><td>鉴定内容</td><td>保持设备、工作区整洁</td><td>鉴定方法</td><td>实作</td><td>鉴定人签字</td><td colspan="2"></td></tr>
<tr><td colspan="2" rowspan="2">关键技能</td><td colspan="3" rowspan="2">操作程序</td><td colspan="2">鉴定结果</td></tr>
<tr><td>通过</td><td>未通过</td></tr>
<tr><td colspan="2">1. 设备的维修保养</td><td colspan="3">维修保养准备工作
检查设备
对设备进行保养</td><td></td><td></td></tr>
<tr><td colspan="2">2. 保持工作区域的整洁</td><td colspan="3">确定整理任务
选择清洁工具
按程序进行操作</td><td></td><td></td></tr>
<tr><td colspan="7">鉴定者评语：</td></tr>
<tr><td>鉴定成绩</td><td></td><td>鉴定时间</td><td></td><td>被鉴定人签字</td><td colspan="2"></td></tr>
</table>

单元课程评价表

姓名：________________ 日期：________________

当你完成了本单元的学习，我们希望你能对下面的项目提出你的建议。

请在相应的栏目内打钩	非常同意	同意	没有意见	不同意	非常不同意
1. 这个单元为我提供了很好的设备维修保养及工作区域整洁的综述					
2. 这个单元帮助我理解了设备维修保养的理论					
3. 我现在对尝试设备维修保养及保持工作区域整洁更有自信了					
4. 该单元的内容适合我的要求					
5. 该单元中举办了各类活动					
6. 该单元中不同的部分融合得很好					
7. 教师待人友善、愿意帮忙					
8. 该单元的教学让我做好了参加评估的准备					
9. 该单元的教学方法对我的学习起到了帮助作用					
10. 该单元提供的信息量正好					
11. 评估与鉴定公平、适当					

你对将来改善本单元的教学有什么建议？

____

____

能力单元三　设置和确认灭火设备　正确使用灭火器

单元概述

一、单元能力标准

能力要素	实作标准	知识要求
设置和确认工作场所的灭火设备，按操作程序使用灭火器	1. 确认工作环境所要求的恰当类型的灭火器 2. 必须根据设备生产商的说明书以及职场健康安全法规、国家法律和企业的操作程序操作灭火器	灭火器的正确使用

二、单元学习目标

确认和正确设置工作场所灭火设备；根据起火原因正确选择灭火器；正确操作灭火器。

三、单元内容描述

介绍国家的消防法规、企业消防制度，介绍如何根据起火的原因正确选择灭火器以及正确操作灭火器的方法。

四、学习本单元的先决条件

学习者需要具备一定的听、说、读、写能力；具有一定的判断思维能力；能按照教师制定的活动程序完成“任务”。

五、单元工作场所的安全要求

保持工作场所的清洁、整齐；按照安全操作要求使用灭火器。

六、单元学习资源

学习参考资料	设备与设施
1.《职业安全与健康管理体系规范》 2.《中华人民共和国安全生产法》 3.《中华人民共和国消防法》 4. 市级《消防管理条例》 5. 灭火器厂商使用手册、说明书	各种类型的灭火器

七、单元学习方法建议

建议采用小组讨论法、现场模拟教学法，可以邀请消防人员进行案例讲授和演示，教师在课堂上的讲授时间原则上控制在教学时间的1/3以内，让学生充分展示实作技能，完成教学目标。单元学习结束时，必须安排能力鉴定与测试，同时用统一的问卷收集信息反馈，分析教学情况并作出及时的调整。

任务一　确认工作环境所要求的恰当类型的灭火设备

走进课堂

2018年12月26日，北京交通大学东校区2号楼（东教二楼）环境工程实验室进行垃圾渗滤液污水处理科研实验期间，发生爆炸引发火灾，共有3名参与实验的研究生在事故中不幸遇难。

思考与提示

1. 你想了解该起火灾事故的原因吗？

2. 请吸取北京交通大学“12·26”较大爆炸事故教训，列出预防火灾的具体措施。

各单位应深刻吸取沉痛教训，采取切实有效措施，加强安全风险防控，进一步完善安全管理制度，强化制度落实和监管。

一、火的形成

(一) 火灾的定义

根据国家标准 GB/T 5907.1—2014《消防词汇　第1部分：通用术语》，将火灾定义为：在时间和空间上失去控制的燃烧。

(二) 燃烧(火灾)发生的条件

燃烧是指可燃物与氧化剂作用发生的放热反应，通常伴有火焰、发光和(或)烟气的现象。

1. 燃烧的必要条件

物质燃烧过程的发生和发展，必须具备以下三个必要条件，即可燃物、氧化剂和温度(引火源)。只有这三个条件同时具备，才可能发生燃烧现象，无论缺少哪一个条件，燃烧都不能发生。但是，并不是上述三个条件同时存在，就一定会发生燃烧现象，还必须这三个因素相互作用才能发生燃烧。

(1) 可燃物：凡是能与空气中的氧或其他氧化剂起燃烧化学反应的物质称为可燃物。可燃物按其物理状态分为气体可燃物、液体可燃物和固体可燃物三种类别。可燃烧物质大多是含碳和氢的化合物，某些金属如镁、铝、钙等在某些条件下也可以燃烧，还有许多物质如肼、臭氧等在高温下可以通过自己的分解而放出光和热。

(2) 氧化剂：帮助和支持可燃物燃烧的物质，即能与可燃物发生氧化反应的物质称为氧化剂。燃烧过程中的氧化剂主要是空气中游离的氧，另外如氟、氯等也可以作为燃烧反应的氧化剂。

(3) 温度(引火源)：是指供给可燃物与氧或助燃剂发生燃烧反应的能量来源。常见的是热能，其他还有化学能、电能、机械能等转变的热能。

(4) 链式反应：有焰燃烧都存在链式反应。当某种可燃物受热时，它不仅会汽化，而且该可燃物的分子会发生热解作用从而产生自由基。自由基是一种高度活泼的化学形态，能与其他的自由基和分子反应，而使燃烧持续进行下去，这就是燃烧的链式反应。

2. 燃烧的充分条件

(1) 一定的可燃物浓度。

（2）一定的氧气含量。

（3）一定的点火能量。

（4）未受抑制的链式反应。

汽油的最小点火能量为0.2 MJ,乙醚的最小点火能量为0.19 MJ,甲醇的最小点火能量为0.215 MJ。对于无焰燃烧,前三个条件同时存在,相互作用,燃烧即会发生。而对于有焰燃烧,除以上三个条件,燃烧过程中存在未受抑制的游离基(自由基),形成链式反应,使燃烧能够持续下去,亦是燃烧的充分条件之一。

二、灭火的原理

由燃烧所必须具备的几个基本条件可以得知,灭火就是破坏燃烧条件使燃烧反应终止的过程。为了灭火,我们必须隔离三者之中的任意一个,如图3-1所示。

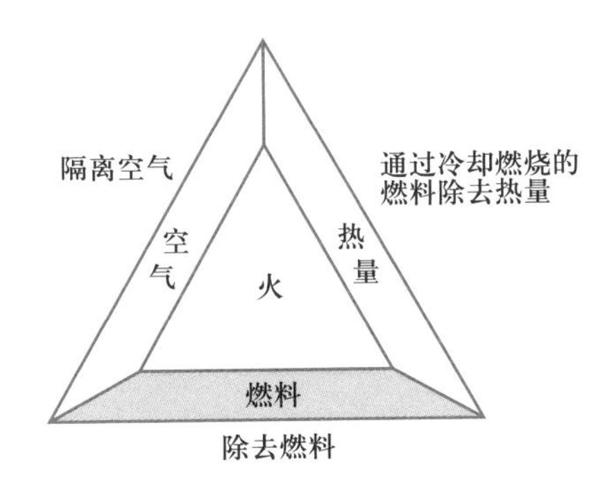

（注:三角形的三条边代表形成火的三个要素:空气、燃料和热量）

图3-1　灭火的原理

除去燃料,就不存在起火。

减少热量,燃烧将会停止。

隔离空气,火就会窒息,燃烧也就不会再进行,火就会逐渐熄灭。

然而,对于不同的原因,我们要采用不同的灭火方法,同时也要采用不同的灭火装备。

三、灭火的方法

（一）冷却灭火法

对一般可燃物来说,能够持续燃烧的条件之一就是它们在火焰或热的作用下达到了各自的着火温度。因此,对一般可燃物火灾,将可燃物冷却到其燃点或闪点以下,燃烧反应就会终止。水的灭火机理主要是冷却作用。

（二）窒息灭火法

各种可燃物的燃烧都必须在其最低氧气浓度以上进行，否则燃烧不能持续进行。因此，通过降低燃烧物周围的氧气浓度可以起到灭火的作用。通常使用的二氧化碳、氮气、水蒸气等的灭火机理主要是窒息作用。

（三）隔离灭火法

把可燃物与引火源或氧气隔离开来，燃烧反应就会自动中止。火灾中，关闭有关阀门，切断流向着火区的可燃气体和液体的通道；打开有关阀门，将已经发生燃烧的容器或受到火势威胁的容器中的液体可燃物通过管道导至安全区域，都是隔离灭火的措施。

（四）化学抑制灭火法

化学抑制灭火法就是使用灭火剂与链式反应的中间体自由基反应，从而使燃烧的链式反应中断，使燃烧不能持续进行。常用的干粉灭火剂的主要灭火机理就是化学抑制作用。

四、火灾造成的危害

火灾造成的危害有明显的危害与潜在的危害。明显的危害包括财产的损失，人员的伤亡，经济损失，社会秩序的混乱。潜在的危害包括企业倒闭，人心涣散，企业的名誉下降，心灵的创伤等。

五、火灾等级划分标准

按照一次火灾事故所造成的人员伤亡、受灾户数和直接财产损失，火灾等级划分为四类。

1. 特别重大火灾

特别重大火灾是指造成30人以上死亡，或者100人以上重伤，或者1亿元以上直接财产损失的火灾。

2. 重大火灾

重大火灾是指造成10人以上30人以下死亡，或者50人以上100人以下重伤，或者5 000万元以上1亿元以下直接财产损失的火灾。

3. 较大火灾

较大火灾是指造成3人以上10人以下死亡，或者10人以上50人以下重伤，或者1 000万元以上5 000万元以下直接财产损失的火灾。

4. 一般火灾

一般火灾是指造成3人以下死亡，或者10人以下重伤，或者1 000万元以下直接财产损失的火灾。

六、公共场所发生火灾的常见原因和预防措施

公共场所发生火灾的原因有哪些?

(1) 为了临时用电在原有的线路上接入大功率的电热设备,长期过载运行,破坏了线路绝缘。

(2) 长期缺乏电工对线路的维护和检查。

(3) 铜铝导线接触不良或使用时间过长,造成接触电阻过大,打出火花或接点温度过高引起火灾。

(4) 使用移动灯具的插头与插座接触不良。

(5) 使用电熨斗、电吹风、电烙铁等家用电器后,忘记切断电源。

(6) 乱扔烟头、火柴杆(酒店火灾)。

(7) 存放、燃放、使用烟花、爆竹不当。

(8) 维修设施时,违章使用电、气焊不采取安全措施。

(9) 停电时,使用蜡烛不当。

公共场所预防火灾的措施有哪些?

(1) 使用电热设备时,远离可燃物体。

(2) 使用灯具时,与可燃物保持一定的距离。

(3) 使用电熨斗、电吹风、电烙铁、电视机等后,及时断电。

(4) 室内悬挂安全用电和防止火灾的警示牌。

(5) 悬挂不乱扔烟头和火柴的警示语。

(6) 不允许违规操作。

(7) 安装电器设备时,一定要按照额定容量安装,切不可超容量安装。

七、家庭火灾的预防

(一) 家庭火灾常见灭火方法

当火才刚刚烧起来时,我们要马上采取行动,用任何可行的材料扑灭火或阻止它的传播。

你知道在厨房的灭火方法吗?

在日常生活中,煮、炒、烹、炸是少不了的。在做饭过程中不慎引起的火灾也时有发生。那么怎样才能有效、及时地扑灭厨房中意外发生的火灾呢?在这里介绍三种简便易行的方法。

1. 蔬菜灭火法

当油锅因温度过高,引起油面起火时,请不要慌张,可将备炒的蔬菜及时投入锅内,锅内油火就会随之熄灭。使用这种方法,应注意防止烫伤或油火溅出。

2. 加盖灭火法

当油锅火焰不大，油面上又没有油炸食品时，可用锅盖将锅盖紧，然后熄灭炉火，稍等一会儿，火就会自行熄灭，这是一种较为理想的窒息灭火方法。

3. 干粉灭火法

平时厨房中准备一小袋干粉灭火剂，放在便于取用的地方，一旦遇到煤气或液化石油气的开关处漏气起火时，可迅速抓起一把干粉灭火剂，对准起火点用力投放，火就会随之熄灭。这时可及时关闭总开关阀。除了气源开关外，其他部位漏气或起火，应立即关闭总开关阀，火就会自动熄灭。当然，厨房内配备一个小型灭火器，效果会更好。

但值得注意的是，油锅起火，千万不能用水进行灭火，因为水遇到油会将油炸溅锅外，促使火势蔓延。

（二）家庭的防火措施

家庭火灾的主要预防措施

(1) 点燃的蜡烛、蚊香应放在专用的架台上，不能靠近窗帘、蚊帐等可燃物品。

(2) 到床底、阁楼处找东西时，不要用油灯、蜡烛、打火机等明火照明。

(3) 不能乱拉电线，随意拆卸电器，用完电器要及时拔掉插销。

(4) 发现燃气泄漏时，要关紧阀门，打开门窗，不可触动电器开关和使用明火。

(5) 不能在阳台上、楼道内烧纸片或燃放烟花爆竹。

(6) 吸烟危害健康，学生不要吸烟，躲藏起来吸烟更危险。

(7) 使用电灯时，灯泡不要接触或靠近可燃物。

(8) 应使用阻燃、难燃产品进行室内装饰装修。

(9) 经常查看家中的电器设备、燃气用具，尽可能少用临时电线，严禁超负荷用电。

(10) 保持楼梯、走道畅通，严禁在楼梯、走道上堆放杂物。

(11) 配置必要的家用消防器材，火灾时就能利用消防器材迅速扑灭初起火灾。

活动 3.1

学习有关火灾及灭火的知识

活动步骤：第一步，学习者了解本单元有关火灾及灭火知识的主要内容和要求。

第二步，学习者阅读有关资料和信息并提问。

活动建议：准备相关的书面资料，采用小组讨论形式进行讨论。

活动 3.2

阅读、理解《中华人民共和国消防法》

活动目的：了解国家消防法规，自觉遵守法律。

活动步骤：第一步，阅读《中华人民共和国消防法》。

第二步，陈述国家、企业、公民的权利和义务。

活动建议：准备5份《中华人民共和国消防法》，采用小组讨论形式进行讨论。

思考与练习

2018年11月28日零时41分，河北省张家口市桥东区大仓盖镇盛华化工有限公司附近发生一起爆炸事故，初步调查原因是中国化工集团河北盛华化工有限公司氯乙烯气柜发生泄漏，泄漏的氯乙烯扩散到厂区外公路上，遇明火发生爆燃，导致停放公路两侧等候卸货车辆的司机等23人死亡、22人受伤，其中8名伤势较重的伤员已被送往北京医院进行救治。

［问题］

1. 自己查阅该起事故的详细经过，分析该起事故的主要原因；
2. 提出合理的建议及措施，如何预防和控制同类事故的发生。

课堂作业一

1. 燃烧发生的必要条件是什么？
2. 灭火的方法主要有哪些？
3. 如果遇上火灾你应该怎么办？
4. 公共场所发生火灾的原因有哪些？
5. 公共场所预防火灾的措施有哪些？
6. 你知道如何做好家庭防火措施吗？

任务二 掌握灭火器的正确使用方法

走进课堂

2008年11月14日早晨6时10分左右,上海商学院徐汇校区学生宿舍楼602室发生火灾,4名女学生分别从阳台跳下逃生,不幸当场遇难。

经消防部门勘察,火灾原因系602室住宿学生使用“热得快”电器发生故障,并引燃周围可燃物所致。由于该寝室女生在夜间使用“热得快”时,正好是学校拉闸时间,突然停电使她们忘记关闭“热得快”。清晨6时许,学校恢复供电,“热得快”空烧,酿成悲剧。

思考与提示

1. 试分析这起安全事故发生的原因。
2. 如果发生火灾时你住在602宿舍,你该怎么办?

掌握灭火器的正确使用方法可以在关键时刻降低火灾的损失。

一、灭火步骤

为了使车间的火灾范围最小化,你必须采取如下一些措施:
(1) 知道在你工作的地方“如何处理火灾”的程序。
(2) 知道所有灭火器所在的位置以及正确的操作方法。
(3) 知道火灾报警系统的位置以及紧急出口。
如果已发生了火灾,按照以下步骤做:
(1) 拉响火灾报警系统。
(2) 向消防队报警。
(3) 向在火灾范围内的每一个人提出警告。
(4) 使用现成的灭火装置灭火。
(5) 如果有必要,全体人员撤出车间。

二、灭火器的种类及常见的使用方法

灭火器是一种可由人力移动的轻便灭火器具,它能在其内部压力作用下,将所充装的灭火剂喷出,用来扑救火灾。灭火器材繁多,其适用范围也有所不同,只有

正确地选择灭火器的类型,才能有效地扑救不同种类的火灾,达到预期的效果。我国现行的国家标准将灭火器分为手提式灭火器和推车式灭火器两种。

(一) 四类充装型灭火器

(1) 干粉类的灭火器。充装的灭火剂主要有两种,即碳酸氢钠灭火剂和磷酸铵盐灭火剂。

(2) 二氧化碳灭火器,如图 3-2 所示。

(3) 泡沫型灭火器。

(4) 水基型灭火器。

(二) 不同压力形式的驱动型灭火器

1. 贮气式灭火器

贮气式灭火器是指灭火剂由灭火器上的贮气瓶释放的压缩气体或液化气体的压力驱动的灭火器。

2. 贮压式灭火器

贮压式灭火器是指灭火剂由灭火器同一容器内的压缩气体或灭火蒸汽的压力驱动的灭火器。

图 3-2　二氧化碳灭火器

三、灭火器的类型及选择

(一) 不同的起火原因,要用不同的灭火器

因为扑灭液体所引起的火灾的方法肯定不同于扑灭固体所引起的火灾的方法。

固体材料着火——用水来降低其温度。

液体起火——隔离空气的供给。

(二) 灭火器的正确放置

灭火器应当放在很容易拿到的地方,在车间里一般挂在墙上。

(三) 灭火器的适用范围

不同种类的灭火器标以不同的颜色,有时也用尺寸大小来区分。它们有时以使用类型来区分。国家标准 GB/T 4968—2008《火灾分类》根据可燃物的类型和燃烧特性,将火灾分为 A、B、C、D、E、F 六类。

1. A 类火灾

A 类火灾是指固体物质火灾。固体物质往往具有有机物性质,一般在燃烧时能产生灼热的余烬。如棉、毛、麻、纸张等,这类火灾用水或干燥的化学试剂比较有效。

2. B 类火灾

B 类火灾是指液体火灾和可熔化的固体物质火灾。如汽油、煤油、原油、甲醇、乙醇、沥青、石蜡等这类火灾用隔离空气的方法比较有效。

3. C类火灾

C类火灾是指气体火灾。如煤气、天然气、甲烷、乙烷、丙烷、氢等引起的火灾。

4. D类火灾

D类火灾是指金属火灾。如钾、钠、镁、钛、锆、锂、铝镁合金火灾等,诸如电动机、电子开关及电子器件上的火灾。这时我们要用绝缘灭火材料。

E类火灾:带电火灾。物体带电燃烧的火灾。

F类火灾:烹饪器具内的烹饪物(如动植物油脂)火灾。

灭火器在其标牌上都注明了其使用范围。很多灭火器只能适用某一类火灾,而只有很少一部分灭火器可以适用多类火灾。

1. 泡沫灭火器

外表是蓝色的,喷出来的是泡沫,它用于汽油及液体所引起的火灾。喷出来的泡沫覆盖住液体,切断空气供给,迫使中断燃烧,并熄灭火。如果火灾是发生在液体容器里面,就要把泡沫喷在容器的表面,然后它慢慢延伸到液体的表面。

2. 干燥化学试剂灭火器

外表是红色的,它包含的是纯粉末。这些粉末通过里面气筒的高压二氧化碳挤压出来。粉末以吸收热量来降低火的温度,而且它能隔绝空气。这种灭火器能应用于易燃的液体。

3. BCF灭火器

外表涂成黄色。它喷出来的是化学雾状物,这些雾状物覆盖在起火材料的表面。这种灭火器适用于电着火。

4. 二氧化碳灭火器

这种灭火器适合各类火灾,它里面有一个压力缸,二氧化碳就存在这个缸里。当我们对准火喷射时,二氧化碳马上冷却燃烧材料,以至低于燃烧所需的温度,这样火就被扑灭了。

5. 水以及其他方法

对于除电和液体起火以外的火灾,水是最常用的灭火材料。

材料或液体在容器里面着火,可以用水来喷射,其原理同薄雾能隔离空气一样,因此这样也能灭火。如果那些燃烧的液体可以通过水来传播火焰,就不能用水来灭火了。

用沙子来灭火也是一个行之有效的方法。当火很小的时候,可以用较厚的袋子或相似的东西来覆盖它。

如果人的衣服着火了,可以用毯子来把人裹起来,可以隔绝空气以达到灭火的目的。

四、常见灭火器的使用方法及其标志的识别

常见的手提式灭火器有手提式干粉灭火器和手提式二氧化碳灭火器。目前,

在宾馆、饭店、影剧院、医院、学校等公众聚集场所使用的多数是磷酸铵盐干粉灭火器（俗称“ABC 干粉灭火器”）和二氧化碳灭火器，在加油站、加气站等场所使用的是碳酸氢钠干粉灭火器（俗称“BC 干粉灭火器”）和二氧化碳灭火器。不同种类的灭火器及其适用对象如图 3-3 和表 3-1 所示。

二氧化碳灭火器

推车式ABC干粉灭火器

ABC干粉灭火器

推车式二氧化碳灭火器

泡沫灭火器

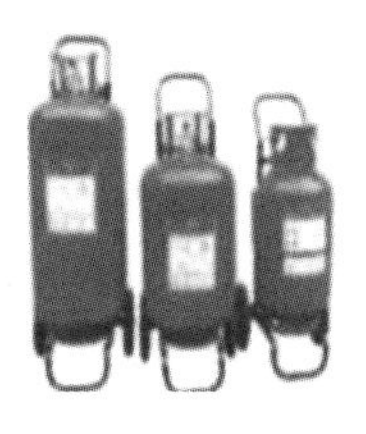

水系灭火器

图 3-3　不同种类的灭火器

表 3-1　各种灭火器的适用范围

<table>
<tr><th colspan="4">灭火器的分类</th></tr>
<tr><td rowspan="3">服务区域内的火灾大体上有以下三类</td><td rowspan="2">泡沫灭火器
硫酸铝和碳酸溶液</td><td colspan="2">适用 A 类、B 类火灾</td></tr>
<tr><td colspan="2">适用 C 类火灾</td></tr>
<tr><td rowspan="2">二氧化碳灭火器
二氧化碳液压气</td><td colspan="2">不适用 A 类火灾</td></tr>
<tr><td>A 类火灾
一般由易燃物如木头、纸张、纺织品等引起，需要冷却熄灭</td><td colspan="2">适用 B 类、C 类火灾</td></tr>
<tr><td>B 类火灾
一般由可燃液体，如汽油、石油、油漆等引起，需要覆盖和窒息灭火</td><td rowspan="3">干剂灭火器</td><td>多用途类型</td><td>普通的 B 类、C 类火灾</td></tr>
<tr><td>C 类火灾
一般由电气设备、发动机、开关等引起，需要非人为操纵的机构灭火</td><td rowspan="2">适用 A 类、B 类、C 类火灾</td><td>不适用 A 类火灾</td></tr>
<tr><td>如何操作便携式灭火器</td><td>适用 B 类、C 类火灾</td></tr>
</table>

续表

灭火器的分类			
苏打-酸灭火器:直接喷射到火的根部	泵筒灭火器:把脚放在脚踏板上,对火的根部进行直接喷射	泵筒灭火器 纯净水	适用 A 类火灾 不适用 B 类、C 类火灾
		气筒灭火器 由二氧化碳进行驱动的水	适用 A 类火灾 不适用 B 类、C 类火灾
二氧化碳灭火器:尽可能地接近火源进行喷射,先喷火焰的边缘,然后逐渐向前推进	泡沫灭火器:不要对燃烧的液体进行喷射,让泡沫轻轻喷在火上	苏打-酸灭火器 碳酸溶液和硫酸	适用 A 类火灾 不适用 B 类、C 类火灾

(一) 灭火器的使用方法

常见的灭火器的使用方法基本相同,这里只做简要介绍,具体操作应遵照灭火器粘贴的说明书进行。基本步骤如下:

(1) 拔去保险销。

(2) 手握灭火器橡胶喷嘴,对准火焰根部。

(3) 将灭火器上部手柄压下,灭火剂喷出。

(4) 灭火时,灭火器要保持直立,不宜水平或颠倒使用。

几种常见的灭火器的使用方法如表 3-2 至表 3-4 所示。

表 3-2 干粉灭火器的使用方法

适用范围:适用于扑救各种易燃、可燃液体和易燃、可燃气体火灾以及电气设备火灾	
 1. 右手握着压把,左手托着灭火器底部,轻轻取下灭火器	 2. 右手提着灭火器到现场

续表

 3. 除掉铅封	 4. 拔掉保险销
 5. 左手握着喷管,右手提着压把	 6. 在距火焰 2 m 的地方,右手用力压下压把,左手拿着喷管左右摆动,喷射干粉覆盖整个燃烧区

表 3-3　泡沫灭火器的使用方法

适用范围:主要适用于扑救各种油类火灾、木材、纤维、橡胶等固体可燃物火灾	
 1. 右手握着压把,左手托着灭火器底部,轻轻地取下灭火器	 2. 右手提着灭火器到现场

续表

<table>
<tr><td>
3. 右手捂住喷嘴，左手执筒底边缘</td><td>
4. 把灭火器颠倒过来呈垂直状态，用力上下晃动几下，然后放开喷嘴</td></tr>
<tr><td>
5. 右手抓筒耳，左手抓筒底边缘，把喷嘴朝向燃烧区，站在离火源 8 m 的地方喷射，并不断地前进，围着火焰喷射，直至把火扑灭</td><td>
6. 灭火后，把灭火器卧放在地上，喷嘴朝下</td></tr>
</table>

表 3-4 二氧化碳灭火器的使用方法

<table>
<tr><td colspan="2">适用范围：主要适用于各种易燃、可燃液体、可燃气体火灾，还可扑救仪器仪表、图书档案、工艺器具和低压电气设备等的初起火灾</td></tr>
<tr><td>
1. 用右手握着压把</td><td>
2. 用右手提着灭火器到现场</td></tr>
</table>

续表

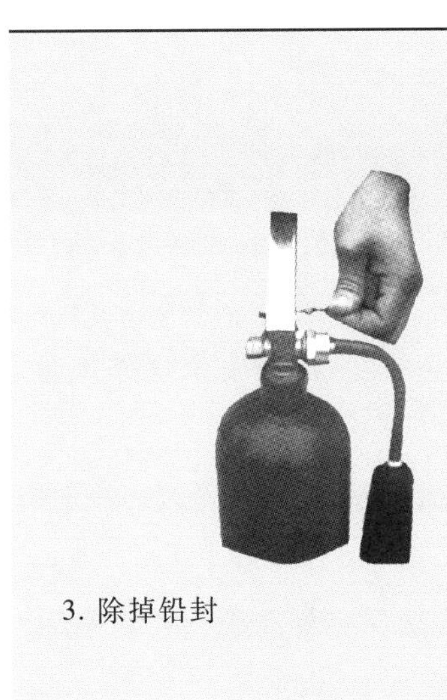 3. 除掉铅封	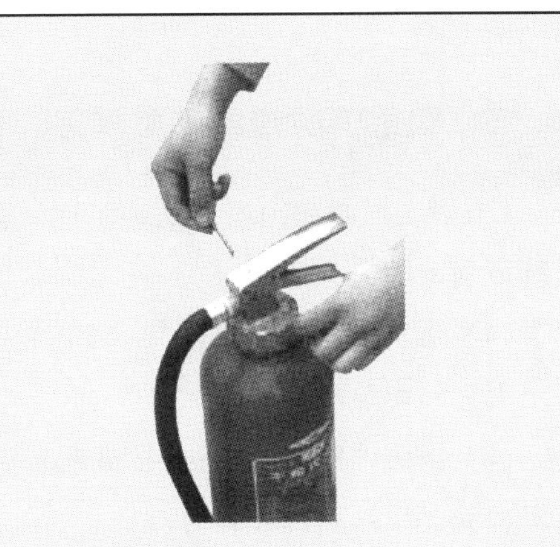 4. 拔掉保险销
 5. 站在距火源 2 m 的地方，左手拿着喇叭筒，右手用力压下压把	 6. 对着火焰根部喷射，并不断地推进，直至把火焰扑灭

（二）灭火器标志的识别

灭火器铭牌常贴在筒身上或印刷在筒身上，并应有下列内容，在使用前应详细阅读。

（1）灭火器的名称、型号和灭火剂的类型。

（2）灭火器的灭火种类和灭火级别。要特别注意的是，对不适用的灭火种类，其用途代码符号是被红线划掉的。

（3）灭火器的使用温度范围。

（4）灭火器驱动器气体名称和数量。

（5）灭火器生产许可证编号或许可标记。

（6）生产日期、制造厂家名称。

在火灾的头几分钟采取决定性的行动能避免较大的损失，因此要提前做好一切准备。

五、国家消防法的有关规定

《中华人民共和国消防法》第十六条规定，机关、团体、企业、事业等单位应当履行下列消防安全职责：

(1) 落实消防安全责任制，制定本单位的消防安全制度、消防安全操作规程，制定灭火和应急疏散预案；

(2) 按照国家标准、行业标准配置消防设施、器材，设置消防安全标志，并定期组织检验、维修，确保完好有效；

(3) 对建筑消防设施每年至少进行一次全面检测，确保完好有效，检测记录应当完整准确，存档备查；

(4) 保障疏散通道、安全出口、消防车通道畅通，保证防火防烟分区、防火间距符合消防技术标准；

(5) 组织防火检查，及时消除火灾隐患；

(6) 组织进行有针对性的消防演练；

(7) 法律、法规规定的其他消防安全职责。

单位的主要负责人是本单位的消防安全责任人。

所有企业和管理工作场所的人员的职责如下：

(1) 确保工作场所安装有适当的灭火设备、火灾探测器和警报器。任何非自动的灭火设备应当易于获取、易于使用，有标志指示牌。

(2) 采取灭火措施，分派并培训执行这些措施的员工，以及安排与外部紧急情况处理单位联系。

(3) 保持紧急通道畅通，并且符合与路线、门和标志相关的特定标准。

(4) 有相应的工作场所防火系统、设备和装置，确保它们能够奏效且维修良好。

出现不遵守规定使员工处于火灾危险中的情况，部门可以发出一个强制执行通知，要求在一段时间内整改，通知的接收者可以在 21 天内提出申诉。当出现危险的特殊情况，使强制执行不能拖延时，消防部门必须发送一份包含执行内容的书面通知。拒不服从通知的将被控告。当出现违反规定的行为时，不管严重与否，地方政府可接受消防部门的申请，发布强制命令。消防法规定，消防部门可以发出禁用的通知。

六、发生火灾的扑救办法

一旦发生火灾，相关的人员一定要根据火情迅速做出判断，并及时报火警，同时开展扑救和自救工作。

一般火灾通常有三个阶段，即初起阶段、发展阶段和猛烈阶段。

在火灾的初起阶段，火源面积较小，燃烧强度弱，易于扑救，可就近寻找灭火器自行扑救。

扑救火灾时，应注意先切断电源和气源。同时，要注意先转移火场及其附近的易燃易爆危险品，实在无法转移的应当设法降温冷却。火灾的发展阶段火势较猛，在这种情况下，一定要保持头脑冷静，迅速组织疏散，使人员远离火场，并立即拨打"119"报警，报告消防机关，使消防人员和消防车迅速赶到火场，以及时控制火情。火灾猛烈阶段，要首先寻找逃生通道，及时逃离火灾现场。

七、火场自我逃生方法

在火灾发生时，如果被大火围困，可用以下几种自救逃生的常用办法：

1. 熟悉环境法

就是了解和熟悉我们经常或临时所处建筑物的消防安全环境。

2. 迅速撤离法

一旦听到火灾警报或意识到自己可能被烟火包围时，要立即跑出房间，切不可延误逃生良机。

3. 通道疏散法

楼房着火时，应根据火势情况，优先选用最便捷、最安全的通道和疏散设施，如防烟楼梯、封闭楼梯、室外楼梯等。

4. 暂时避难法

在无路可逃生的情况下，应积极寻找暂时的避难处所，切断毒烟来源，以保护自己，择机而逃。

5. 毛巾保护法

逃生时可把毛巾浸湿后叠起来捂住口鼻，以过滤炙热的空气和产生的一氧化碳，穿越烟雾区，逃离火灾区。

八、火场逃生的注意事项

楼内失火可向着火层以下疏散，逃生时不要乘坐普通电梯。

必须穿过烟雾逃生时，应尽量用浸湿的衣物包裹身体，捂住口鼻，身体贴近地面顺墙向远离烟火的太平门、安全出口方向疏散。

如果室内有防毒面具，逃生时一定要将其戴在头上。

身上着火，可就地打滚，或用厚重衣物覆盖压灭火苗。

当楼梯被烈火、浓烟封闭时，可通过窗户、阳台，逃往相邻建筑物或寻找没着火的房间。如果烟味儿很浓，房门已经烫手，说明大火已封门，再不能开门逃生。此时应将门缝塞严，泼水降温，呼救待援。

九、办公大楼火灾的处理程序

办公大楼火灾的处理程序如图 3-4 所示。

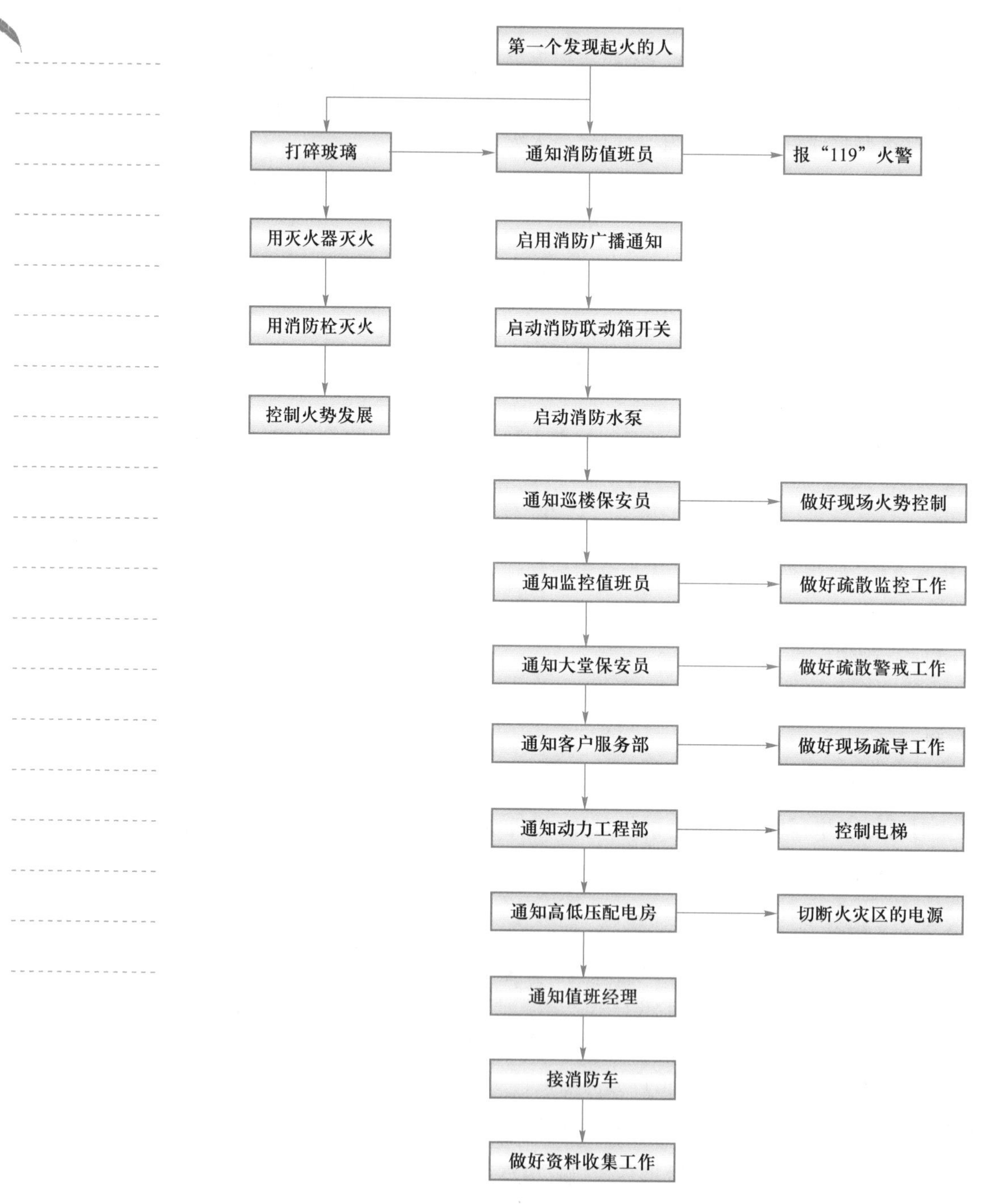

图 3-4 办公大楼火灾的处理程序

活动 3.3

选择恰当的灭火器

活动目的:在火灾发生时能正确选择灭火器。

活动步骤:第一步,确定起火原因。

第二步,选择灭火器。

第三步,陈述选择的理由。

活动建议:采用拼图教学法。

活动 3.4

阅读灭火器说明书,模拟操作灭火器

活动目的:准确理解灭火器操作指令,正确操作灭火器。

活动步骤:第一步,阅读灭火器说明书,观察灭火器。

第二步,列出操作程序。

第三步,模拟展示操作程序。

活动建议:教师准备 3~4 种灭火器。

思考与练习

2018 年 8 月 25 日凌晨,哈尔滨市松北区北龙温泉酒店发生火灾。截至 2018 年 8 月 26 日 17 时 59 分,火灾共已造成 20 人死亡,20 多人受伤。

[事故过程]

2018 年 8 月 25 日凌晨,哈尔滨市松北区太阳岛北龙温泉酒店发生火灾,火灾系 2 楼厨房起火引发,初步确定过火面积约 400 平方米。

事发酒店成立于 2015 年 4 月 15 日,注册资本为 3 000 万元,经营范围包括餐饮服务、旅馆经营、室内娱乐场所经营、会议服务、洗浴服务等。

多名曾入住该酒店的游客表示,楼道好似迷宫,且堆有木头、塑料管、胶垫等易燃物品。

据当地媒体 2017 年 8 月报道,北龙温泉景区接待大厅消火栓门被木质雕塑遮挡,门框上"安全出口"指示灯不亮;更衣室内未设"安全出口"指示灯,也未看到灭火器;温泉区通往客房的两处台阶上贴有"安全出口"字样,但其所指向的大门却被封住。

此外,从黑龙江省公安消防总队网站查询到,从 2017 年 12 月到 2018 年 4 月,当地对哈尔滨北龙温泉休闲酒店有限公司共进行 6 次消防监督抽查。

结果显示,两个月内 4 次抽查均为不合格,时间分别为 2017 年 12 月 21 日、2018 年 1 月 10 日、2018 年 1 月 25 日、2018 年 2 月 23 日。

2018年9月3日，从黑龙江省政府事故调查组获悉，经现场勘察、调查取证和技术鉴定，查明哈尔滨“8·25”火灾事故起火时间为8月25日4时12分许，起火部位为哈尔滨北龙汤泉休闲酒店有限公司二期温泉区二层平台靠近西墙北侧顶棚悬挂的风机盘管机组处，起火原因是风机盘管机组电气线路短路形成高温电弧，引燃周围塑料绿植装饰材料并蔓延成灾。

[问题]

请分析该起事故发生的主要原因。

课堂作业二

1. 列出两种灭火器的操作程序。
2. 列出两种不同的起火原因，并说明怎样选择灭火器。
3. 国家、企业、员工在消防工作中各负有哪些责任？

课堂作业三

1. 一般情况下，灭火器放在什么地方？
2. 灭火器一般由哪个部门负责管理？

单元内容小结

1. 通过介绍火灾形成的过程、火灾的原因以及火灾造成的危害，让学习者掌握预防火灾的措施，保护人身安全。

2. 通过介绍灭火器的种类、特点及适用范围，正确设置灭火器，让学习者在火灾发生时能够及时找到灭火器并正确选择灭火器，迅速灭火，降低火灾造成的损失。

3. 通过介绍灭火器的操作程序，让学习者能够正确地操作灭火器并保护自身安全。

4. 通过介绍《中华人民共和国消防法》《中华人民共和国消防条例》的有关规定，让学习者能够自觉遵守有关规定，并做好防火工作的宣传。

知识测试题

判断正误并说明理由。

(1) 任何火灾都可以用水扑灭。

(2) 如果是汽油在人体的衣服上着火，你可以在地面翻滚以灭火。

(3) 如果是汽油在人体的衣服上着火，你可以快跑以灭火。

(4) 汽车修理厂的废弃物管理不当是引起火灾的重要原因之一。

(5) 单位的消防工作与员工个人无关。

部分参考答案7

(6) 单位的消防工作是一个重要的日常工作。

(7) 每一个员工都应该了解灭火器的使用方法。

(8) 不同的起火原因,应该采用不同的灭火器。

(9) 灭火器的类型可以根据颜色的不同加以识别。

(10) 火灾的报警电话是119。

案例分析

[案例3-1]

2017年2月25日,南昌市红谷滩新区唱天下量贩式休闲会所(以下简称"唱天下会所")发生一起重大火灾事故,造成10人死亡、13人受伤。

[事故发生经过]

2月25日7时12分起,张福生与其组织的19名施工人员及2名由李云中叫来的废品收购人员陆续进入唱天下会所2层开始施工。

7时47分许,李云中驾驶面包车(高贵、彭永兵同车)携带3个氧气瓶、1个液化石油气罐、1把气割枪和1只手持式电动切割机到达唱天下会所。李云中等3人在附近吃过早饭后,于8时许进入唱天下会所,其中李云中安装好氧焊切割设备及手持式电动切割机,开始切割和拆卸会所大堂北部弧形楼梯两侧的金属扶手。至8时18分许,当李云中在会所大堂北部弧形楼梯中部切割南侧金属扶手时,其助手高贵发现位于切割点正下方堆积的废弃沙发着火。

[事故直接原因]

经现场勘验取证、证人指证、调查询问及公安机关、相关司法鉴定机构出具的鉴定、调查报告等,排除了放火、电气、吸烟、周边环境等因素引起火灾的可能。

认定此次火灾事故的直接原因为:唱天下会所改建装修施工人员使用气割枪在施工现场违法进行金属切割作业,切割产生的高温金属熔渣溅落在工作平台下方,引燃废弃沙发造成火灾。

造成火势迅速蔓延和重大人员伤亡的主要原因是:施工现场堆放有大量废弃沙发且动火切割作业未采取任何消防安全措施,火势迅速蔓延并产生大量高热有毒有害烟气,在消防设施被停用、疏散通道被堵塞、消防设施管理维护不善等多种不利因素下,造成了重大人员伤亡。

[事故整改防范措施]

1. 坚守安全红线,全面加强安全生产责任体系建设。

2. 完善监管机制,全面围堵安全生产非法违法行为。

3. 深入排查整治,全面落实特殊作业安全监控措施。

4. 严格监督管理,全面落实单位消防安全主体责任。

5. 强化消防宣传,全面提升社会公众防范自救能力。

[案例3-2]

2017年10月12日星期四,13:30,八冶施工单位三名钢筋工人员进入动力煤棚施工作业，13:50左右发现动力煤棚东侧A轴9-10线处采光板发生冒烟起火，立即向二建二分公司安全员报告，同时报了火警119，约几分钟后动力煤棚车间人员也发现了东侧采光板着火。立即组织人员用动力煤棚就近消防设施(室外消防栓)对着火采光板进行扑救。经过业主方紧急扑救，火源得到控制。14:15左右消防车赶到动力煤棚着火点对采光板残余火源进行消除。14:30左右火势彻底熄灭，在此之间业主、总包、分包单位负责人已陆续赶到现场配合消防队相关调查人员对着火原因进行勘察。

[起火原因]

(一)事故的直接原因

动力煤棚当天施工单位八冶经过业主方审批动火作业许可后，在东侧靠近着火的采光板附近动火作业，分别进行牛腿焊接和防尘幕布悬挂点安装焊接。因动力煤棚经过前期运行后，采光板附近死角存在集存的煤尘，八冶施工单位动火人员在动火作业完工后，中午下班前没有对动火点进行详细检查，有可能死角处煤尘在上午动火作业时，存在飞溅的焊渣引燃没有及时发现处理，导致着火源慢慢扩大，最终发生火灾烧毁采光板，是本次事故的主要原因。

(二)事故的间接原因

1. 八冶施工单位对动火作业管理不严、执行措施不严、工作不细、安全风险分析不到位，造成施工现场作业人员马虎从事，安全负责人没有有效的监管是造成此次事故的间接原因；

2. 施工人员安全意识淡薄，电焊气割作业之前没有仔细认真对周围作业环境进行检查和清扫和围护隔离，动火作业结束后没有对动火点周边进行详细检查，是造成此次事故的间接原因；

3. 八冶施工单位未按照总包方的安全协议和现场安全要求进行动火作业，现场高处动火作业无安全监护，气焊未采取防火措施，下设接火盆，是造成此次事故的间接原因；

4. 施工人员施工过程中没有严格按照业主要求在指定点吸烟，而是在施工点没有管理人员时进行吸烟。

(三)事故的管理原因

1. 八冶施工单位对施工人员安全告知和安全技术交底不到位，施工人员对施工作业区危险源分析不够；

2. 八冶施工单位现场工程监管人员对动火作业过程控制欠缺，没有严格要求动火作业；

3. 八冶施工单位对施工人员动火作业持证上岗要求不严格，安排无证人员动火；

4. 总包单位安全管理人员对动力煤棚施工现场监管不到位，动火作业过程检查不严。

[事故的预防措施]

1. 八冶施工单位对所有的施工人员进行安全教育培训，对于入场施工人员进行安全技术交底，要针对本次事故进行分析，分析事故原因，吸取经验教训；

2. 八冶施工单位施工人员在动力煤棚作业时，要严格遵守业主方安全管理规定，禁止在施工点随意吸烟；

3. 八冶施工单位施工人员在动火作业前要严格办理动火作业票根据业主要求，动火审批手续为：需总包单位现场检查同意后批准并报业主单位备案方可动火作业，并必须按照动火作业要求落实动火作业安全防护措施；

4. 八冶施工单位动火作业点必须要配置灭火器材，安排专人对动火作业进行监护，动火完毕后要认真检查动火点周边是否有遗留火源。做到“工完料清”；

5. 总包单位现场检查人员要不定时对动火作业点进行检查，严格按照动火作业规范进行排查。对于违章动火、无证动火、安全措施不落实、没有安排专人监护的要及时查处。必要时有权停止施工，经整改完成后达到安全动火条件后，方可同意施工人员动火作业；

6. 完善业主、总包、分包单位安全管理人员沟通联系机制，业主方面的有关安全管理人员有权根据现场的有关违章作业，与分包单位安全管理人员直接联系，及时制止违章作业，分包单位应严格执行。有不同意见，事后可通过与总包单位联系，再协商解决。

［**案例 3-3**］

2017 年 11 月 18 日 18 时许，北京市大兴区西红门镇新建村发生火灾。火灾共造成 19 人死亡，8 人受伤。

［事故原因分析］

冷库制冷设备在调试过程中，被覆盖在聚氨酯保温材料内为冷库压缩冷凝机组供电的铝芯电缆电气故障造成短路，引燃周围可燃物；可燃物燃烧产生的一氧化碳等有毒有害烟气蔓延导致人员伤亡。

1. 火灾发生的直接原因

经查，事故发生前后现场未发现可疑人员；物证鉴定未检出常见助燃剂成分；现场勘验未发现任何爆炸装置和爆炸装置遗留物，亦未发现集中炸点；现场符合气体爆燃特性；未发现相关人员具有放火动机，综合排除放火嫌疑。此外，综合排除 3 号冷间内焊接作业、遗留火种和自燃因素引发事故的可能。

综合相关调查技术鉴定结论，认定本起火灾发生原因是：因 3 号冷间敷设的铝芯电缆无标识，连接和敷设不规范；电缆未采取可靠的防火措施，被覆盖在聚氨酯材料内，安全载流量不能满足负载功率的要求；电缆与断路器不匹配，发生电气故障时断路器未有效动作，综合因素引发 3 号冷间内南墙中部电缆电气故障造成短路，高温引燃周围可燃物，形成的燃烧不断扩大并向上蔓延，导致上方并行敷设的铜芯电缆相继发生电气故障短路。

2. 火灾发生的间接原因

（1）违法建设、违规施工、违规出租，安全隐患长期存在。

（2）镇政府落实属地安全监管责任不力，对违法建设、消防安全、流动人口、出租房屋管理等问题监管不力。

（3）属地派出所、区公安消防支队和区公安分局针对事发建筑的消防安全监督检查不到位。

（4）工商部门对辖区内非法经营行为查处不力。

3. 火灾蔓延扩大的原因

（1）在冷库建设过程中，采用不符合标准的聚氨酯材料（B3 级，易燃材料）作为内绝热层。

（2）冷库内可燃物燃烧产生的一氧化碳，聚氨酯材料释放出的五甲基二乙烯三胺、*N*，*N*-二环己基甲胺等，制冷剂含有的1,1-二氟乙烷等，均可能参与3号冷间内的燃烧和爆燃。爆燃产生的动能将3号冷间东门冲开，烟气在蔓延过程中又多次爆燃，加速了烟气从敞开楼梯等途径蔓延至地上建筑内，燃烧产生的一氧化碳等有毒有害烟气导致人员死伤。

（3）未按照建筑防火设计和冷库建设相关标准要求在民用建筑内建设冷库；冷库楼梯间与穿堂之间未设置乙级防火门；地下冷库与地上建筑之间未采取防火分隔措施，未分别独立设置安全出口和疏散楼梯，导致有毒有害烟气由地下冷库向地上建筑迅速蔓延；地上二层的聚福缘公寓窗外有影响逃生和灭火救援的障碍物。

［案例3-4］

2017年2月5日17时20分许，台州市天台县赤城街道春晓路60号春晓花园5幢5-1号足馨堂足浴中心（以下简称足馨堂）发生火灾，事故共造成18人死亡，18人受伤。

［事故原因和性质］

（一）直接原因

足馨堂2号汗蒸房西北角墙面的电热膜导电部分出现故障，产生局部过热，电热膜被聚苯乙烯保温层、铝箔反射膜及木质装修材料包敷，导致散热不良，热量积聚，温度持续升高，引燃周围可燃物蔓延成灾。

造成火势迅速蔓延和重大人员伤亡的主要原因是：汗蒸房密封良好，热量极易积聚；2号汗蒸房无人使用，起火后未被及时发现，当火势冲破房门后便形成猛烈燃烧；汗蒸房内壁敷设竹帘、木龙骨等可燃材料，经长期烘烤的各构件材料十分干燥，燃烧迅速，短时间形成轰燃。同时，汗蒸房内的电热膜和保温材料聚苯乙烯泡沫塑料（XPS）为高分子材料，燃烧时产生高温有毒烟气，加之现场人员普遍缺乏逃生自救知识和技能，选择逃生路线、方法不当，造成大量人员无法及时逃生。

（二）间接原因

1. 足馨堂安全生产主体责任不落实。以弄虚作假方式通过消防审批许可；无视消防法律法规规定和竣工验收备案抽查整改要求，擅自将汗蒸房恢复功能投入使用，导致经营场所存在重大火灾隐患；内部管理混乱，消防安全责任和规章制度不落实，未明确消防安全管理人员，未按规定开展日常检查、事故隐患排查，也未对员工进行消防安全知识培训和应急疏散演练。

2. 东方尚雅安全生产主体责任不落实。未取得建筑装修装饰工程专业承包资质，违法承揽足馨堂装修工程；违规组织无相应资质证书的劳务人员进行施工，并使用未经有关产品质量检验机构检验合格、存在严重质量缺陷的电热膜，导致汗蒸房存在重大火灾隐患。

3. 浩成尔公司安全生产主体责任不落实。伪造检验报告，委托国内厂家生产电热膜并冒用HOT-FILM品牌，将存在严重质量缺陷的电热膜销售给客户用于装修施工，导致汗蒸房存在重大火灾隐患。

4. 海南泓景违反《建设工程勘察设计资质管理规定》，通过出借资质证书复印件、印章、图签等方式，为存在消防安全隐患的足馨堂通过消防审批许可提供了便利。

5. 上海石化消防工程有限公司等单位违反《中华人民共和国建筑法》，通过出借资质证书复印件、印章、图签等方式，为存在消防安全隐患的足馨堂通过消防竣工验收备案提供了便利。

6. 天台县公安消防大队对足馨堂消防安全监管不到位。竣工验收消防备案环节中，在足馨堂未拆除汗蒸关键设备、火灾隐患未彻底整改情况下，做出复查验收合格的决定。在日常监管执法中，未按照有关规定对场所的使用情况是否与消防竣工验收备案时确定的使用性质相符等重要内容进行检查，未制止和查处足馨堂擅自启用汗蒸房对外经营的违法行为。

7. 天台县公安局对上级关于防范遏制重特大事故的部署要求贯彻落实不够到位，对公安消防部门依法履行安全监管职责、落实消防安全风险防控和隐患整治等工作督促不力，对天台县公安消防大队未认真履行职责的问题失察。

8. 天台县委、县政府对辖区开展防范遏制重特大事故工作组织领导不够到位，对有关部门依法履行安全监管职责督促检查不力；对近年来辖区内大量涌现的汗蒸房新业态安全问题不够重视，对安全风险认识不足，没有同步考虑和专门研究相应风险防控措施。

（三）事故性质

经调查组认定，台州天台足馨堂足浴中心“2·5”火灾是一起重大生产安全责任事故。

［事故主要教训］

该起事故造成了重大人员伤亡和财产损失，社会负面影响严重，教训十分深刻。事故暴露出相关经营主体法制观念淡薄，受经济利益驱动而对安全生产心存侥幸，相关监管部门责任心不强、把关不严，没有把安全发展放到与经济发展同等重要的位置，对相关行业安全风险认识不足、缺乏有效规范的长效管理机制等。主要教训有：

1. 经营主体无视相关法律法规。足馨堂经营者安全意识极其淡薄，明知设置汗蒸房不符合消防审批许可有关要求，一味追求利益，无视安全风险，违背先前承诺重新启用汗蒸房对外经营；内部安全管理混乱，安全生产“无人管”“不会管”问题突出，没有明确消防安全管理人，也没有针对新进员工多、流动性大、安全知识和技能匮乏的实际，组织开展必要的消防安全培训和应急逃生疏散演练。事发当日，现场管理人员发现火情后，未及时报警并组织疏散。

2. 汗蒸领域管理缺少标准规范。近年来随着足浴保健服务业迅速发展，汗蒸在当地洗浴美容场所大量兴起。但由于当前在汗蒸房施工资质，用料材质、铺设工艺以及审查审批要求等方面，还缺乏相应标准规定，一些商家为了追求利润，不惜铤而走险，使用劣质材料、偷工减料、设计不到位等现象比比皆是，安全隐患层出不穷。如东方尚雅明知施工人员不具备相应资质，仍交由后者进行汗蒸房施工，并在装修过程中使用浩成尔公司提供的没有产品质量保障的电热膜，这些都从源头环节造成了重大质量缺陷和安全隐患，最终酿成事故。

3. 政府相关部门监管存在漏洞。当地消防部门没有严把安全准入门槛，对审批中存在的问题督促整改不彻底；日常监管不到位，与街道及有关部门沟通协调不足，致使隐患未能及时消除而演变成事故。当地政府及相关部门对汗蒸行业安全风险认识不足，对足馨堂经营行为、经营场所租赁管理等工作监管存在疏忽。政府部门监管环节工作的不到位成为足馨堂违法行为未能制止和查处，事故风险难以控制的重要因素。

4. 顾客和员工消防安全意识不强。火灾发生时，顾客大多处于休闲放松状态，反应迟缓，且各汗蒸房、足浴间都关门或放下门帘，顾客和员工未在第一时间得到报警信息逃生。同时，由于部分人员逃生意识不强（部分逃生人员存在重返现场寻找物品现象，更衣室内有 3 人死亡，存在贪恋财物贻误逃生时机的可能），来不及逃生，还有部分人员因缺乏基本的逃生自救常识，选择逃生路线、方法不当而遇难。

[案例3-5]

2017年12月1日3时53分，位于天津市河西区友谊路35号的君谊大厦1号楼泰禾“金尊府”项目发生一起重大火灾事故。共造成10人死亡，5人受伤，过火面积约300平方米，直接经济损失(不含事故罚款)约2 516.6万元。

[事故原因和性质]

(一) 直接原因

事故调查组根据有关专家现场勘验、视频分析、现场实验、技术鉴定结果，经综合分析认定：烟蒂等遗留火源引燃君谊大厦1号楼的泰禾“金尊府”项目38层消防电梯前室内存放的可燃物是造成事故发生的直接原因。

(二) 间接原因

1. 泰禾锦辉公司未认真履行建设工程施工管理和消防安全主体责任。一是违反《建筑工程施工许可管理办法》的规定，开工建设前，未取得施工许可证擅自组织施工；二是违反《天津市消防条例》等规定，在未竣工的建筑物内安排施工人员集体住宿；三是改楼内消防设施、排放楼内消防水箱内的消防用水，致使消防设施失效。

2. 河西区人民政府贯彻落实市委市政府部署要求不到位，对消防安全隐患排查工作督促指导不到位，组织开展安全检查、督促整改事故隐患不到位，组织开展消防安全隐患排查工作不严不细，未能有效排查、整改事故隐患，对辖区消防安全隐患失察、失管；未组织开展对辖区内在施建设工程合同备案即“未取得施工许可证擅自进行施工”的检查，使企业“无证施工”情况持续存在；履行房屋安全使用行政管理职责不到位，对君谊大厦1号楼作为已建成交付使用房屋在实施装修过程中拆除38层与39层之间楼板并破坏公用设施、设备等违法行为未采取责令立即停止施工等措施。

3. 友谊路街办事处贯彻落实区委区政府部署要求不到位，在消防安全大排查工作中存在履职不到位、火灾隐患排查整治不力问题；对事故单位排查零隐患上报；对市民反映的消防安全隐患整改情况监管及后续跟进、督察检查不到位，也未按相关要求向有关职能部门反映和转办；对泰禾锦辉公司未按规定委托房屋安全鉴定机构进行鉴定的违法行为失察。

4. 公安消防部门对完成设计检查备案项目的后期施工情况失察失管，致使事故单位施工过程中电梯间堆放杂物、施工现场人员住宿、消防自动喷淋设施损坏等违法行为持续存在；未严格按照公安部《消防监督检查规定》的有关规定实行双人执法。

5. 市建设行政主管部门没有落实新建、改建、扩建工程项目报建备案和项目施工许可管理责任，未组织开展相关检查，对未报建备案和无证施工行为失管；未对该外地进津建筑业企业施工经营资质进行审验及专项检查，未履行外地施工企业安全生产监督管理职责；落实《天津市建设工程文明施工管理规定》不到位，未及时排除君谊大厦1号楼装修施工人员在施工地住宿的隐患。

6. 市国土房管部门未按规定部署开展房屋安全管理工作，导致河西区房管局对本职工作职责认识不到位，对建设单位违规拆改房屋结构的违法行为查处不力；指导、监督河西区房管局配合街道开展房屋安全管理工作不到位。

(三) 事故性质

经调查认定，天津市河西区君谊大厦1号楼“12·1”重大火灾事故是一起责任事故。

单元技能测试记录表

<table>
<tr><td>鉴定内容</td><td>设置和确认工作场所的灭火设备，并按操作程序使用灭火器</td><td>鉴定方法</td><td>模拟</td><td>鉴定人签字</td><td colspan="2"></td></tr>
<tr><td colspan="2" rowspan="2">关键技能</td><td colspan="3" rowspan="2">评价指标</td><td colspan="2">鉴定结果</td></tr>
<tr><td>通过</td><td>未通过</td></tr>
<tr><td colspan="2">1. 选择灭火器</td><td colspan="3">确定一种火灾的火源
选择相应的灭火器
说明理由</td><td></td><td></td></tr>
<tr><td colspan="2">2. 正确使用灭火器</td><td colspan="3">阅读灭火器的说明书
列出操作程序
展示灭火器的操作步骤</td><td></td><td></td></tr>
<tr><td colspan="7">鉴定者评语：</td></tr>
<tr><td>鉴定成绩</td><td></td><td>鉴定时间</td><td></td><td>被鉴定人签字</td><td colspan="2"></td></tr>
</table>

单元课程评价表

姓名：______________ 日期：______________

当你完成了本单元的学习，我们希望你能对下面的项目提出你的建议。

请在相应的栏目内打钩	非常同意	同意	没有意见	不同意	非常不同意
1. 这个单元给我很好地提供了设置和确认灭火设备，正确使用灭火器的综述					
2. 这个单元帮助我理解了设置和确认灭火设备，正确使用灭火器的理论					
3. 我现在对尝试设置和确认灭火设备，正确使用灭火器更有自信了					
4. 该单元的内容适合我的要求					
5. 该单元中举办了各类活动					
6. 该单元中不同的部分融合得很好					
7. 教师待人友善、愿意帮忙					
8. 该单元的教学让我做好了参加评估的准备					
9. 该单元的教学方法对我的学习起到了帮助作用					
10. 该单元提供的信息量正好					
11. 评估与鉴定公平、适当					

你对将来改善本单元的教学有什么建议？

____

____

能力单元四　采取紧急措施

单元概述

一、单元能力标准

能力要素	实作标准	知识要求
采取紧急措施	1. 预防事故发生的原则 2. 掌握应急救援预案编制导则和内容 3. 掌握各类事故的应急措施 4. 召唤合适的专业紧急救援	1. 采取应急措施的重要性 2. 预防事故的原则和对策 3. 常见事故的应急措施 4. 应急预案的内容 5. 应急预案编制导则 6. 隔离机器的程序 7. 火灾逃生知识 8. 专业紧急救助机构及求救电话

二、单元学习目标

掌握我国的安全生产的指导方针；能够分析事故原因，并认识采取紧急措施的意义；对案例事故能够提出预防的原则和具体对策；掌握火灾、触电、中毒、机械伤害和化工产品泄漏的应急措施；能够按照有关导则集体协作编制应急救援预案；能够召唤合适的专业紧急救援。

三、单元内容描述

本单元的主要内容有：事故发生的直接原因与间接原因，我国的安全生产方针，采取紧急措施的意义，预防事故的原则和对策，火灾、触电、中毒、机械伤害和化工产品泄漏等常见事故的应急措施，应急预案的内容，应急预案编制导则，正确实施人机隔离，火灾逃生方法，专业紧急救援机构。

四、学习本单元的先决条件

学习者需要具备一定的听、说、读、写能力；具有一定的判断思维能力；能按照教师制订的活动程序完成“任务”。

五、单元工作场所的安全要求

保持工作场所的清洁、整齐，安全制度张贴在显眼的位置。

六、单元学习资源

学习参考资料	设施与设备
1.《中华人民共和国劳动法》 2.《中国职业安全健康管理体系内审员培训教程》 3.《职业安全与健康管理体系规范》 4.《中华人民共和国安全生产法》 5.《职业安全与健康》([英]杰里米·斯坦克斯著) 6. 厂商使用手册、说明书 7. 企业安全生产制度、流程图 8.《生产经营单位安全生产事故应急预案编制导则》	1. 本校的消防设施 2. 本校的电气设施 3. 本校的教学楼、实验楼及实验机器设备 4. 本校的学生宿舍及教职工住宅

七、单元学习方法建议

可采用小组教学讨论法、现场观察、实作、模拟教学法，尽可能在真实的工作场所中安排一两次教学，教师在课堂上的讲授时间原则上控制在教学时间的 1/2 以内，充分利用学生之间的互相学习和技能练习完成教学目标。每一个单元结束，必须安排鉴定与测试，同时用统一的问卷收集信息反馈，分析教学情况并作出及时的调整。

任务一　预防事故发生的原则

走进课堂

2013 年 8 月 31 日，上海翁牌冷藏实业有限公司发生氨泄漏事故，造成 15 人死亡，7 人重伤，18 人轻伤。

经调查认定，上海翁牌冷藏实业有限公司违规设计、施工和生产，主体建筑竣工验收后擅自改变功能布局，水融霜设备缺失，相关安全生产规章制度和操作规程不健全，岗位安全培训缺失，特种作业人员未持证上岗等。作业人员严重违规采用热氨融霜方式，导致液锤管帽脱落，压力瞬间升高，致使存有严重焊接缺陷的单冻机回气集管管帽脱落，造成氨泄漏。

思考与提示

1. 事故发生的直接原因和间接原因有哪些？
2. 你知道的预防事故的对策和防护危险因素的原则有哪些？

预防事故发生是我们工作场所生命安全与健康的根本保证。

一、防止事故发生的对策

一般来说，事故发生的原因可能是火灾、触电、中毒、机械伤害、化工产品泄漏等间接原因中的一个，或者多个原因同时存在。除此之外，还必须考虑教育的原因或社会、历史等原因。各种预防事故的对策应该是技术、教育和法制对策的综合应用。我们通常把技术、教育和法制三种对策统称为 3E 安全对策，这也是防止事故的三根支柱。

（一）技术的对策

在机械装置、工程项目及房屋设计建设时，要认真地研究、讨论潜在危险，预测发生某种危险的可能性，从技术上采取防止这些危险的对策并严格实施。运行前还需制定相应的检查和维修措施制度，运行后要不折不扣地执行。当然这需要掌握有关的化学物质和材料的知识，并精通机械装置、工程设施和工艺的危险与控制的具体方法。

（二）教育的对策

对教育的对策，在产业部门、各种学校都应当实施安全教育和训练。安全教育应当尽早开始，以养成良好的安全意识和习惯，还应该通过物理、化学等各种实验、运动竞赛、旅行、骑自行车及驾驶汽车等实施具体的安全教育和训练。

（三）法制的对策

法制对策是建立在各种标准基础上的。所有法律、法规都是强制性的，必须严格执行，违反法律、法规就要承担相应的后果。强制执行的标准叫作指令性标准，劝告性的非强制的标准叫作推荐标准。法律、法规和推荐标准保障了安全生产的法制环境。

二、危险因素的防护原则

（一）消除潜在危险的原则

采用科学的方法设置安全装置，消除人周围环境中的危险和有害因素，从而保证最大可能的安全。即使人已因不安全行动而违章操作，或机器某个部件发生了故障，也会由于安全装置的作用而避免伤亡事故的发生。例如，人或者身体的一部分进入危险区域，光电等保护装置立即动作，断开动力电源并启动紧急刹车装置。

（二）降低危险的原则

当不能消除危险因素时，可以采取措施降低危险。例如，减少易燃易爆等危险物质的储存量。

（三）距离防护原则

生产中的危险和有害因素的作用，随着距离的增加而减弱，可采取自动化和遥控技术，使操作人员远离作业地点。例如，对爆炸危害、电磁辐射和噪声的防护等均可应用距离防护的原则来减弱其危害。

（四）时间防护原则

这个原则就是缩短人处于危险和有害因素环境中的时间，从而减少事故伤害的概率。

（五）屏蔽危险源原则

这个原则是，在危险和有害因素的范围内设置障碍，以保障人的安全。如使用足够厚度的钢筋混凝土防护 γ 射线等。

（六）坚固原则

这个原则是以安全为目的，提高结构强度。例如，提高起重设备的钢丝绳的坚固性，增加电梯的承载力等。

（七）薄弱环节原则

利用薄弱的元件，使它们在危险因素发生作用之前预先破坏。例如，保险丝、安全卸压阀等。

(八) 隔断危险的原则

这个原则是使人不致进入危险和有害因素的地带,或者消除人操作区域的危险和有害因素。例如,安全防护网等。

(九) 闭锁原则

这个原则是使保护装置与工作装置形成连锁关系作用,以保证安全操作。安全门不关闭就不能合闸开启等。

(十) 机器取代人的原则

当不能消除危险或不安全因素时,可用机器人或自动控制器来代替人。

(十一) 警示信息原则

运用技术信息如红绿灯、警报、广播和危险警示标志,以及定期的教育培训交流等方式传递信息,避免危险。

(十二) 个体防护原则

如佩戴呼吸器、穿防护服等防护装置设备。

活动 4.1

尽量运用 12 项原则设计使用电热水器洗澡防止触电的措施

活动目的:了解、熟悉危险防护原则。

活动步骤:第一步,熟悉危险防护原则。

第二步,思考可采取 12 项危险防护原则的哪些原则。

第三步,提出具体的措施。

活动建议:采用小组讨论。

思考与练习

2008 年 3 月 10 日晚 7 点,家住重庆市垫江县砚台镇 48 岁的张秋娥在自家作坊工作时,长长的头发不慎卷入压面机钢辊内,造成头皮从眼睑以上被全部撕脱。据张秋娥的三妹张菊英介绍,张秋娥在镇上开了一家压面作坊,平时生产面条、馄饨皮和饺子皮。前天傍晚,姐姐洗了头,披着头发在店里用电动压面机压面,不慎把头发卷入压面机的钢辊内。“我们家和作坊是挨着的,我听见一声惨叫。”张菊英和丈夫跑过去一看,姐姐整个人瘫倒在地上,头发被机器死死地绞住,鲜血直流,整个头皮被掀掉大半。最恐怖的是,机器还在不断地转动,张秋娥的头发还被扯着不断地往里卷。张菊英说,丈夫立即关掉电闸,剪断头发后把部分头皮从机器中退出来。

[问题]

根据危险因素防护原则,举例说明可以采取哪些措施来防止事故的发生。

课堂作业一

1. 防止事故发生有哪些对策?
2. 危险防护原则有哪些?举例说明。
3. 判断以下说法正误,并说明理由。

(1) 人们可以完全消除潜在的危险。

(2) 使用漏电保护开关符合消除潜在危险的原则。

(3) 电器的接地保护符合降低危险的原则。

(4) 对于微波炉的辐射可以采取安全距离和时间防护原则。

(5) 定期的安全教育培训符合防止危险的原则。

(6) 家庭用的高压锅的安全阀利用了闭锁的防护原则。

部分参考答案 8

案例分析

[案例 4-1]

2016 年 3 月 16 日,四川金路树脂有限公司 7 m^3 聚合实验装置 1 号聚合釜在清釜检修作业时发生一起氯乙烯中毒事故,造成 3 人死亡,2 人受伤。事故的直接原因是员工违反操作规程进入受限空间作业,在反应釜与系统没有按规定进行安全隔绝的情况下,氯乙烯串入正在作业的反应釜造成人员中毒,加之施救人员在未佩戴隔绝式呼吸器、系安全绳的情况下进入釜内盲目施救,导致事故后果扩大。

[案例 4-2]

2018 年 3 月 25 日,俄罗斯克麦罗沃一家购物中心发生火灾,大约 12 小时后火情才被控制,过火面积约 1 500 m^2。建筑物遭受严重破坏,屋顶和地面部分塌陷。火灾导致 64 人死亡,由于商场有游乐区,遇难者大部分为儿童。

[问题]

(1) 上述事故发生前,可以利用什么样的防护原则或措施?

(2) 防止上述事故的发生,请你设计具体的预防措施。

任务二　掌握应急救援预案编制导则和内容

走进课堂

2008 年 5 月 12 日，四川汶川地震发生后，党中央、国务院和各级人民政府立即果断地采取了一系列有力的措施，中国地震局已启动一级预案，开展紧急救灾工作，如图 4-1 所示。

图 4-1　汶川地震后的紧急救灾工作

思考与提示

1. 应急救援预案发挥的作用是什么？
2. 你知道怎样编写应急救援预案吗？

“人民的生命高于一切”，这种以人为本、坚强有力的快速反应，标志着我国在建立健全现代突发事件管理体制和机制方面正在走向成熟。

实施紧急措施就可以把人员伤亡和财产损失降到最低。

一、事故的应急救援预案和应急救援体系

（一）事故的应急救援预案

我国每年都发生大量的各种安全事故，如火灾事故、交通事故、建筑质量事故、爆炸事故、化学事故、煤矿事故、非煤矿山事故、锅炉压力容器事故等，造成大量的人员伤亡和巨大的财产损失。近年来安全生产工作成效明显，实现了事故总量、死亡人数、重特大事故数量三项大幅下降，但安全生产形势依然严峻。我国每年各类事故伤亡 14 万人左右。据安全生产监督管理总局统计，仅 2017 年全国发生各类事故 5.3 万起，死亡 3.8 万人，并造成了巨额的财产损失。应急救援预案是针对可能发生的事

故，为了迅速、有序地开展应急行动而预先制订的行动方案。

为了防止和减少安全事故，减少事故中的人员伤亡和财产损失，促进安全形势的稳定好转，推动和谐社会建设，必须建立安全事故应急救援体系。通过安全事故应急救援预案的制订，明确安全工作的重大问题和工作重点，提出预防事故的思路和办法，全面贯彻“安全第一、预防为主”的方针，并且在生产安全事故发生后，保证事故应急救援组织及时出动，有针对性地采取救援措施，防止事故的进一步扩大，减少人员伤亡和财产损失。专业化的应急救援组织是保证事故及时进行专业救援的前提条件，能有效避免事故施救过程中的盲目性，减少事故救援过程中的伤亡和损失，降低生产安全事故的救援成本。

应急救援预案的主要内容包括以下几方面：

(1) 应急救援预案的制定机构。

(2) 应急救援预案的协调和指挥机构。

(3) 相关部门在应急救援中的职责和分工。

(4) 危险目标的确定和潜在危险性评估。

(5) 应急救援组织状况和人员、装备情况。

(6) 应急救援组织的训练和演习。

(7) 特大生产安全事故的紧急处置、人员疏散、工程抢险、现场医疗急救等措施。

(8) 特大生产安全事故的社会支持和援助。

(9) 特大生产安全事故的应急救援的经费保障。

(10) 应急救援预案的其他内容。

如果一个企业制定有科学、合理、可行的事故应急救援预案，并进行必要的培训和演习，那么一旦发生事故，在岗人员就不会不知所措，或错误操作，而是会按应急预案和程序实施应急处置，这样就可避免事故的扩大和惨剧的发生。

为了贯彻落实《中华人民共和国安全生产法》《中华人民共和国职业病防治法》《中华人民共和国消防法》等法律和法规，改善和提高企业与政府相关部门应对紧急事件的处理能力，企业安全人员、政府安全生产监督管理人员都应该学习并掌握怎样建立事故应急救援体系和制定事故应急救援预案。

（二）事故的应急救援体系

安全事故的应急救援体系是保证安全事故应急救援工作顺利实施的组织保障，主要包括应急救援指挥系统、应急救援日常值班系统、应急救援信息系统、应急救援技术支持系统、应急救援组织及经费保障。

1. 生产安全事故的应急救援组织

《中华人民共和国安全生产法》第七十八条、第七十九条对生产安全事故的应急救援组织、应急救援人员、应急救援器材和设备等做了明确规定。主要包括以下几层意思：

生产经营单位应当制定本单位生产安全事故应急救援预案，与所在地县级以上地方人民政府组织制定的生产安全事故应急救援预案相衔接，并定期组织演练。

危险物品的生产、经营、储存单位以及矿山、金属冶炼、城市轨道交通运营、建筑施工单位应当建立应急救援组织。

生产经营规模较小的，可以不建立应急救援组织，但应当指定兼职的应急救援人员。

危险物品的生产、经营、储存、运输单位以及矿山、金属冶炼、城市轨道交通运营、建筑施工单位应当配备必要的应急救援器材、设备和物资，并进行经常性维护、保养，保证正常运转。

2. 生产安全事故的抢救

生产安全事故的抢救要坚持及时、得当、有效的原则。因为生产安全事故属于突发事件，所以《中华人民共和国安全生产法》要求事故发生后，任何单位和个人都应当支持、配合事故抢救，并提供一切便利条件。

3. 生产经营单位负责人在事故报告和抢救中的职责

生产经营单位负责人接到事故报告后，应当迅速采取有效措施，组织抢救，防止事故扩大，减少人员伤亡和财产损失，并按照国家有关规定立即如实报告当地负有安全生产监督管理职责的部门，不得隐瞒不报、谎报或者迟报，不得故意破坏事故现场、毁灭有关证据。

4. 重大生产安全事故的抢救

生产经营单位发生重大生产安全事故后，单位的主要负责人应当立即组织抢救。

有关地方人民政府和负有安全生产监督管理职责的部门的负责人接到生产安全事故报告后，应当按照生产安全事故应急救援预案的要求立即赶到事故现场，组织事故抢救。

参与事故抢救的部门和单位应当服从统一指挥，加强协同联动，采取有效的应急救援措施，并根据事故救援的需要采取警戒、疏散等措施，防止事故扩大和次生灾害的发生，减少人员伤亡和财产损失。

事故抢救过程中应当采取必要措施，避免或者减少对环境造成的危害。

二、国家应急救援预案的编制导则

（一）主要编制导则——《生产经营单位安全生产事故应急预案编制导则》

生产经营单位的应急预案体系主要由综合应急预案、专项应急预案和现场处置方案构成。生产经营单位应根据本单位组织管理体系、生产规模、危险源的性质以及可能发生的事故类型确定应急预案体系，并可根据本单位的实际情况，确定是否编制专项应急预案。风险因素单一的小微型生产经营单位可只编写现场处置方案。

1. 综合应急预案

综合应急预案是生产经营单位应急预案体系的总纲，主要从总体上阐述事故的应急工作原则，包括生产经营单位的应急组织机构及职责、应急预案体系、事故风险描述、预警及信息报告、应急响应、保障措施、应急预案管理等内容。

2. 专项应急预案

专项应急预案是生产经营单位为应对某一类型或某几种类型事故，或者针对重要生产设施、重大危险源、重大活动等内容而定制的应急预案。专项应急预案主要包括事故风险分析、应急指挥机构及职责、处置程序和措施等内容。

3. 现场处置方案

现场处置方案是生产经营单位根据不同事故类型，针对具体的场所、装置或设施所制定的应急处置措施，主要包括事故风险分析、应急工作职责、应急处置和注意事项等内容。生产经营单位应根据风险评估、岗位操作规程以及危险性控制措施，组织本单位现场作业人员及安全管理等专业人员共同编制现场处置方案。

（二）应急救援预案编制步骤

（1）编制准备。成立预案编制小组，制订编制计划，收集资料，初始评估，危险辨识和风险评价，能力与资源评估。

（2）编写预案。

（3）审定、实施预案。

（4）适时修订预案。

（三）可以参考的法律依据

（1）《中华人民共和国安全生产法》（2014 年 8 月 31 日）。

（2）《中华人民共和国职业病防治法》。

（3）《中华人民共和国消防法》。

（4）《中华人民共和国突发事件应对法》。

（5）国务院《危险化学品安全管理条例》。

（6）国务院《使用有毒物品作业场所劳动保护条例》。

（7）国务院《特种设备安全监察条例》。

（8）《生产经营单位安全生产事故应急预案编制导则》

（四）事故应急救援的基本原则和基本任务

1. 基本原则

在预防为主的前提下，贯彻统一指挥、区域为主、单位自救和社会救援相结合的原则。

2. 基本任务

（1）立即组织营救受害人员，组织撤离或采取措施保护危害区域的其他人员。

（2）迅速控制危险源，测定事故的危害区域、危害性质和危害程度。

（3）做好现场清洁，消除危害的后果。

（4）查清事故的原因，评估危害的程度。

（五）制定事故应急预案

事故应急预案分为预防、预备、响应和恢复四个阶段，如图 4-2 所示。其内容如表 4-1 所示。

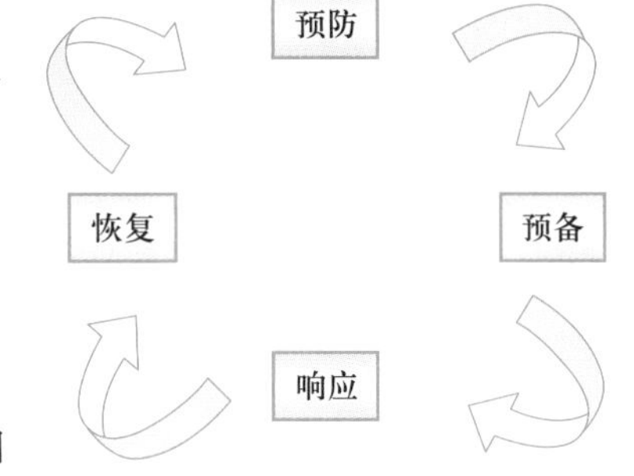

图 4-2　事故应急预案的四个阶段

表 4-1　事故应急预案的内容

阶段	内涵	采取的措施
预防	采取措施预防、控制和消除事故对生命、财产和环境的危害	安全管理措施： 1. 执行安全法律法规、推荐标准 2. 灾害的保险 3. 安全信息系统 4. 安全规则 5. 风险分析、评估 6. 执行安全标准、规章 7. 公共应急宣传、教育 8. 安全研究 技术手段： 1. 安全监测监控 2. 各种各样的预防措施
预备	针对可能发生的事故预先所做的各种准备	1. 执行国家政策 2. 制订应急预案 3. 设立应急机构队伍 4. 落实应急职责 5. 建立应急信息报警系统 6. 建立应急救援中心 7. 提供应急公共咨询材料 8. 应急培训、训练与演习 9. 签订互助救援协议 10. 实施特殊保护计划

续表

阶段	内涵	采取的措施
响应	事故发生后立即采取的行动，以保护生命、财产和设施设备，减轻环境破坏	1. 启动应急通告报警系统 2. 启动应急救援中心 3. 提供应急医疗援助 4. 报告有关政府机构 5. 对公众说明应急事务 6. 疏散和避难 7. 搜寻和营救
恢复	使生产、生活恢复到正常状态或得到进一步的改善	1. 清理废墟 2. 消毒、去污 3. 保险赔付 4. 损失评估 5. 应急预案的评估和改进 6. 灾后重建

活动 4.2

协作编制你所在学校的应急救援预案（两个星期内完成前六步）

活动目的：掌握应急救援预案的编制步骤。

活动步骤：第一步，准备工作（初步收集资料、确定危险源、风险评估、提出防范措施和评估学校应急能力，形成文本）。

第二步，进一步补充收集或整理资料。

第三步，进一步确定危险源，进行风险评估。

第四步，根据危险源进一步确定防范措施。

第五步，进一步评估学校的应急能力。

第六步，编制形成预案。

第七步，预案审定、实施和备案。

第八步，在实践中根据实际情况改进预案。

活动建议：分组讨论。

危险化工产品事故应急救援预案编制导则(单位版)

1. 基本情况

主要包括单位的地址、经济性质、从业人数、隶属关系、主要产品、产量等内容，周边区域的单位、社区、重要基础设施、道路等情况。危险化工产品运输单位运输车辆的情况及主要的运输产品、运量、运地、行车路线等内容。

2. 危险目标及其危险特性、对周围的影响

(1) 危险目标的确定。可选择对以下材料辨识的事故类别、综合分析的危害程度，确定危险目标：

① 生产、储存、使用危险化工产品装置、设施现状的安全评估报告。

② 健康、安全、环境管理体系文件。

③ 职业安全健康管理体系文件。

④ 重大危险源辨识结果。

⑤ 其他。

(2) 根据确定的危险目标，明确其危险特性及对周边的影响。

3. 危险目标周围可利用的安全、消防、个体防护的器材、设备及其分布

4. 应急救援组织机构、组成人员和职责划分

(1) 应急救援组织机构设置。

依据危险化工产品事故危害程度的级别设置分级应急救援组织机构。

(2) 组成人员。

① 主要负责人及有关管理人员。

② 现场指挥人员。

(3) 主要职责。

① 组织制定危险化工产品事故应急救援预案。

② 负责人员、资源配置、应急队伍的调动。

③ 确定现场指挥人员。

④ 协调事故现场的有关工作。

⑤ 批准本预案的启动与终止。

⑥ 事故状态下各级人员的职责。

⑦ 危险化工产品事故信息的上报工作。

⑧ 接受政府的指令和调动。

⑨ 组织应急预案的演练。

⑩ 负责保护事故现场及相关的数据。

5. 报警、通信联络方式

依据现有资源的评估结果，确定以下内容：

(1) 24小时有效的报警装置。

(2) 24小时有效的内部、外部通信联络手段。

(3) 运输危险化工产品的驾驶员、押运员报警及与本单位、生产厂家、托运方联系的方式、方法。

6. 事故发生后应采取的处理措施

(1) 根据工艺规程、操作规程的技术要求，确定采取的紧急处理措施。

(2) 根据安全运输卡提供的应急措施及与本单位、生产厂家、托运方联系后获得的信息而采取的应急措施。

7. 人员紧急疏散、撤离

依据对可能发生危险化工产品事故场所、设施及周围情况的分析结果，确定以下内容：

(1) 事故现场人员清点，撤离的方式、方法。

(2) 非事故现场人员紧急疏散的方式、方法。

(3) 抢救人员在撤离前、撤离后的报告。

(4) 周边区域的单位、社区人员疏散的方式、方法。

8. 危险区的隔离

依据可能发生的危险化工产品事故类别、危害程度级别，确定以下内容：

(1) 危险区的设定。

(2) 事故现场隔离区的划定方式、方法。

(3) 事故现场隔离方法。

(4) 事故现场周边区域的道路隔离或交通疏导办法。

9. 检测、抢险、救援及控制措施

依据有关国家标准和现有资源的评估结果，确定以下内容：

(1) 检测的方式、方法及检测人员的防护、监护措施。

(2) 抢险、救援方式、方法及人员的防护、监护措施。

(3) 现场实时监测及异常情况下抢险人员的撤离条件、方法。

(4) 应急救援队伍的调度。

(5) 控制事故扩大的措施。

(6) 事故可能扩大后的应急措施。

10. 受伤人员现场救护、救治与医院救治

依据事故分类、分级，附近疾病控制与医疗救治机构的设置和处理能力，制定具有可操作性的处置方案，应包括以下内容：

（1）接触人群检伤分类方案及执行人员。

（2）依据检伤结果对患者进行分类现场紧急抢救方案。

（3）接触者医学观察方案。

（4）患者转运及转运过程中的救治方案。

（5）患者治疗方案。

（6）入院前和医院救治机构确定及处置方案。

（7）信息、药物、器材储备信息。

11. 现场保护与现场洗消

（1）事故现场的保护措施。

（2）明确事故现场洗消工作的负责人和专业队伍。

12. 应急救援保障

（1）内部保障。

依据现有资源的评估结果，确定以下内容：

① 确定应急队伍，包括抢修、现场救护、医疗、治安、消防、交通管理、通信、供应、运输、后勤等人员。

② 消防设施配置图、工艺流程图、现场平面布置图和周围地区图、气象资料、危险化工产品的安全技术说明书、互救信息等存放地点、保管人。

③ 应急通信系统。

④ 应急电源、照明。

⑤ 应急救援装备、物资、药品等。

⑥ 危险化工产品运输车辆的安全、消防设备、器材及人员防护装备。

⑦ 保障制度目录：

A. 责任制。

B. 值班制度。

C. 培训制度。

D. 危险化工产品运输单位检查运输车辆实际运行制度（包括行驶时间、路线，停车地点等内容）。

E. 应急救援装备、物资、药品等检查、维护制度（包括危险化工产品运输车辆的安全、消防设备、器材及人员防护装备的检查、维护）。

F. 安全运输卡制度（安全运输卡包括运输的危险化工产品的性质、危害性、应急措施、注意事项及本单位、生产厂家、托运方应急联系电话等内容。每种危险化工产品一张卡片；每次运输前，运输单位向驾驶员、押运员告知安全运输卡上的有关内容，并将安全卡交驾驶员、押运员各一份）。

G. 演练制度。

（2）外部救援。

依据对外部应急救援能力的分析结果，确定以下内容：

① 单位互助的方式。

② 请求政府协调应急救援力量。

③ 应急救援信息咨询。

④ 专家信息。

13. 预案分级响应条件

依据危险化工产品事故的类别、危害程度的级别和从业人员的评估结果，可能发生的事故现场情况分析结果，设定预案的启动条件。

14. 事故应急救援终止程序

（1）确定事故应急救援工作结束。

（2）通知本单位相关的部门、周边社区及人员已解除事故危险。

15. 应急培训计划

依据对从业人员能力的评估和社区或周边人员素质的分析结果，确定以下内容：

（1）应急救援人员的培训。

（2）员工应急响应的培训。

（3）社区或周边人员应急响应知识的宣传。

16. 演练计划

依据现有资源的评估结果，确定以下内容：

（1）演练准备。

（2）演练范围与频次。

（3）演练组织。

17. 附件

（1）组织机构名单。

（2）值班联系电话。

（3）组织应急救援有关人员的联系电话。

（4）危险化工产品生产单位应急咨询服务电话。

（5）外部救援单位的联系电话。

（6）政府有关部门的联系电话。

（7）本单位的平面布置图。

（8）消防设施的配置图。

（9）周边区域道路交通示意图和疏散路线、交通管制示意图。

（10）周边区域的单位、社区、重要基础设施分布图及有关的联系方式，供水、供电单位的联系方式。

（11）保障制度。

课堂作业二

1. 什么是应急救援预案？

2. 什么是安全事故的应急救援体系？

3. 制定应急救援预案的意义何在？

4. 参照《生产经营单位生产事故应急预案编制导则》的内容列出学校事故应急救援预案应包括的内容。

5. 参照危险化工产品应急预案附件的内容列出学校事故应急预案附件应包括的内容。

6. 判断正误，说明理由。

（1）应急救援预案编制完成后，预案就自动生效。

（2）应急救援预案经过单位编制完成后，必须进行评审。

（3）应急救援预案评审通过后，按规定报有关部门备案，并经经营单位主要负责人签署发布才能生效。

（4）制定了编制导则或者编制技术的行业或单位应急预案的编制必须按照导则或者编制技术的要求进行。

案例分析

7. 编制预案。

（1）编制目的。

为了防止施工现场发生生产安全事故，完善应急工作机制，在工程项目发生事故状态下，迅速有序地开展事故的应急救援工作，抢救伤员，减少事故损失，制定本预案。

（2）危险性分析。

① 项目概况（略）

② 危险源情况

根据从事工程的项目特点，所承接的项目主要有机械设备、电气焊、高空作业等工程施工。可发生和存在重大危险因素的生产安全事故有高空坠落事故、触电事故、坍塌事故、电焊伤害事故、车辆火灾事故、交通安全事故、火灾爆炸事故、机械伤害事故等。

(3) 应急组织机构与职责。

① 应急救援领导小组与职责

A. 项目经理是应急救援领导小组的第一负责人，担任组长，负责紧急情况处理的指挥工作。成员分别由商务经理、生产经理、项目书记、总工程师、机电经理组成。安监部长是应急救援第一执行人，担任副组长，负责紧急情况处理的具体实施和组织工作。

B. 生产经理是坍塌事故应急小组第二负责人，机电经理是触电事故应急小组第二负责人，现场经理是大型脚手架及高处坠落事故、电焊伤害事故、车辆火灾事故、交通事故、火灾及爆炸事故、机械伤害事故应急小组第二负责人，分别负责相应事故救援组织工作的配合工作和事故调查的配合工作。

② 应急小组下设机构及职责(略)

(4) 预防与预警。

① 预防

A. 预防高处坠落的预防措施。

加强安全自我保护意识教育，强化管理安全防护用品的使用。

重点部位项目，严格执行安全管理专业人员旁站监督制度。

随施工进度，及时完善各项安全防护设施，各类竖井安全门栏必须设置警示牌。

各类脚手架及垂直运输设备搭设、安装完毕后，未经验收禁止使用。

安全专业人员，加强安全防护设施巡查，发现隐患及时落实解决。

B. 火灾、爆炸事故预防措施(略)。

C. 触电事故预防措施(略)。

② 信息报告

A. 事故发现人员，应立即向组长(副组长)报告。如果是火灾事故，必须同时拨打119向公安消防部门报警，急救拨打120。

B. 组长接到报警后，通知副组长、组员，立即启动应急救援系统。

C. 根据事故类别向事故发生地政府主管部门报告。

D. 报告应包括以下内容：事故发生的时间、类别、地点和相关的设施；联系人姓名和电话等。

(5) 应急响应。

① 大型脚手架及高处坠落事故应急处置

A. 大型脚手架出现变形事故征兆时的应急措施(略)。

B. 大型脚手架失稳引起倒塌及造成人员伤亡时的应急措施(略)。

C. 发生高处坠落事故的抢救措施(略)。

② 触电事故应急处置

A. 切断电源，关上插座上的开关或拔除插头。如果够不着插座开关，就关上总开关。切勿试图关上发生事故的电器用具的开关，因为可能正是该开关漏电。

B. 若无法关上开关，可站在绝缘物上，如一叠厚报纸、塑料布、木板之类，借助扫帚或木椅等工具使伤者脱离电源，或用绳子、裤子或任何干布条绕过伤者腋下或腿部，使伤者脱离电源。切勿用手触及伤者，不要用潮湿的工具或金属物体把伤者拨开，也不要使用潮湿的物件拖动伤者。

C. 如果伤者呼吸和心跳停止，需开始做人工呼吸和胸外心脏按压。切记不能给触电的人注射强心剂。若伤者昏迷，则将其身体放置成卧式。

D. 若伤者曾经昏迷，身体遭烧伤或感到不适，必须打电话叫救护车，或立即送伤者到医院急救。

E. 高空出现触电事故时，应立即切断电源，把伤者抬到附近平坦的地方，并立即对伤者进行急救。

F. 现场抢救触电者的经验原则是：迅速、就地、准确、坚持。迅速——争分夺秒使触电者脱离电源。就地——必须在现场附近就地抢救，伤者有意识后就近送医院抢救。从触电时算起，5 分钟以内及时抢救，救生率为 90%左右。10 分钟以内抢救，救生率为 15%，希望甚微。准确——人工呼吸的动作必须准确。坚持——只要有百分之一的希望就要尽百分之百的努力抢救。

③ 坍塌事故应急处置

A. 坍塌事故发生时，安排专人及时切断有关闸门，并对现场进行声像资料的收集。发生后立即组织抢险人员尽快（半小时内）到达现场。根据具体情况，采取人工和机械相结合的方法，对坍塌现场进行处理。抢救中如遇到坍塌巨物，人工搬运有困难时，可调集大型的吊车进行吊运。在接近边坡处时，必须停止机械作业，全部改用人工扒物，防止误伤被埋人员。在现场抢救过程中，还要安排专人对边坡、架料进行监护和清理，防止事故扩大。

B. 事故现场周围应设警戒线。

C. 统一指挥、密切协同的原则（略）。

D. 以快制快、行动果断的原则（略）。

E. 讲究科学、稳妥、可靠的原则。解决坍塌事故要讲科学，避免急躁行动引发连续坍塌事故发生。

F. 救人第一的原则（略）。

G. 抢救伤者要立即与急救中心和医院联系，请求出动急救车辆并做好急救准备，确保伤者及时得到救治。

H. 在事故现场取证救助行动中，安排人员同时做好事故调查取证工作，以利于事故处理，防止证据遗失。

I. 自我保护，在救助行动中，抢救机械设备和救助人员应严格执行安全操作规程，配齐安全设施和防护工具，加强自我保护，确保抢救行动过程中的人身安全和财产安全。

④ 电焊伤害事故应急处置(略)

⑤ 车辆火灾事故应急处置(略)

⑥ 重大交通事故应急处置(略)

⑦ 火灾、爆炸事故应急处置

A. 火灾、爆炸事故应急流程应遵循的原则(略)。

B. 火灾、爆炸事故的应急措施。

对施工人员进行防火安全教育(略)。

早期警告。事件发生时，在安全地带的施工人员可通过手机、对讲机向楼上施工人员传递发生火灾的信息和位置。

紧急情况下电梯、楼梯、马道的使用(略)。

C. 火灾、爆炸发生时人员疏散应避免的行为因素。

人员聚集。

恐慌行为。

再进火场行为。

⑧ 机械伤害事故应急处置

应急指挥人员立即召集应急小组成员，分析现场事故情况，明确救援步骤、所需设备、设施及人员，按照策划、分工，实施救援。需要救援车辆时，应急指挥人员应安排专人接车，引领救援车辆迅速施救。

A. 塔式起重机出现事故征兆时的应急措施(略)。

B. 小型机械设备事故应急措施(略)。

C. 机械伤害事故引起人员伤亡的处置(略)。

(6) 应急物资及装备。

① 救护人员的装备：头盔、防护服、防护靴、防护手套、安全带、呼吸保护器具等。

② 灭火剂：水、泡沫、二氧化碳、卤代烷、干粉、惰性气体等。

③ 灭火器：干粉灭火器、泡沫灭火器、1211 灭火器、二氧化碳灭火器等。

④ 简易灭火工具：扫帚、铁锹、水桶、脸盆、沙箱、石棉被、湿布、干粉袋等。

⑤ 消防救护器材：救生网、救生梯、救生袋、救生垫、救生滑竿、缓降器等。

⑥ 自动苏生器：适用于抢救因中毒窒息、胸外伤、溺水、触电等原因造成的呼吸抑制或窒息处于假死状态的伤者。

⑦ 通信器材：固定电话一个，原则上每个管理人员人手 1 部手机，对讲机若干。

(7) 预案管理。

① 培训(略)

② 演练

项目部按照假设的事故情景，每季度至少组织一次现场实际演练，将演练方案及经过记录在案。

部分参考答案 9

(8) 预案修订与完善(略)。

(9) 附件(略)。

［问题与思考］

(1) 上述材料中“(2) ②危险源情况”有什么问题？如何修改完善？

(2) 上述材料中“(3) ①应急救援领导小组与职责”有什么问题？如何修改完善？

(3) 上述材料中“(5) ②触电事故应急处置”有什么问题？如何修改完善？

任务三　掌握各类事故的应急措施

走进课堂

2017 年 5 月 6 日，印度首都新德里东南部地区一装载有化学液体的集装箱发生泄漏，造成至少 487 人受伤，其中 200 多名学生因眼睛和喉咙受到刺激而入院治疗。

思考与提示

1. 该事故发生时，你认为应该采取哪些应急措施？

2. 你知道火灾、触电、中毒、机械伤害和化工产品泄漏的应急措施吗？

发生不同的事故有不同的应急措施，恰当的应急措施可以挽救更多人员的生命。

一、火灾的应急措施

(一) 电气火灾

随着社会经济的飞速发展，社会电气化程度不断提高，因电线短路、接触不良、负荷过大等原因导致火灾发生越来越频繁。2011 年至 2017 年 10 月，我国共发生电气火灾 59.8 万起,造成 3 631 人死亡,2 000 余人受伤,直接经济损失达 103.2 亿元以上。防止电气火灾应引起重视。如何避免电气火灾的发生,应从以下几个方面着手。

首先,在安装电气设备的时候,必须保证质量,并应满足安全防火的各项要求。要用合格的电气设备,破损的开关、灯头和破损的电线都不能使用,电线的接头要按规定连接法牢靠连接,并用绝缘胶带包好。对接线桩头、端子的接线要拧紧螺丝,防止因接线松动造成接触不良而发热。电工安装好设备后,并不意味着可以一劳永逸了,用户在使用过程中,如发现灯头、插座接线松动(特别是移动电气插头接线),接触不良或有过热现象,要找电工及时处理。

其次,不要在低压线路和开关、插座、熔断器附近放置油类、棉花、木屑、木材等易燃易爆物品。

电气火灾发生前,都有一种前兆,要特别引起重视,就是电线因过热首先会烧焦绝缘外皮,散发出一种烧胶皮、烧塑料的难闻气味。所以,当闻到此气味时,应首先想到可能是电气方面原因引起的,如查不到其他原因,应立即拉闸停电,直到查明原因,妥善处理后,才能合闸送电。

万一发生了火灾,不论是否由电气引起,首先要想办法迅速切断火灾范围内的电源。如果火灾是电气方面引起的,切断了电源,也就切断了再次起火的火源。如果火灾不是电气方面引起的,也会烧坏电线的绝缘层,若不切断电源,烧坏的电线会造成短路,引起更大范围的电线着火。应使用盖土、盖沙或灭火器(二氧化碳灭火器、1211 灭火器或者干粉灭火器),但绝不能使用泡沫灭火器,因为这种灭火剂是导电的。

(二)火灾报警和汇报

听到警铃或发现楼层烟雾,立即通知管理处、部门领导,同时通知相关的人员现场确认。利用周围的消防器材,配合义务消防员将火源扑灭。

(1)看到楼层着火或有火焰窜出窗外立即拨打“119”火警电话报警(报警时应讲清着火的具体楼层、门牌号码、有无重大危险源、着火物质的种类、报警人姓名及其报警电话号码),并告知楼内人员切断电源和关闭门窗后撤离。

(2)同时通知单位部门领导,安排相关的人员去路口接消防车。

(3)切断火灾范围内的电源、石油气和天然气源,关闭漏油阀门。

(4)通知水电工到场以备需要;通知供水部门检查提供消防水源。

(5)利用周围的消防器材,配合义务消防员将火源扑灭。

(6)若不能扑灭或者无法控制火势,在保证可随时安全撤离的前提下,由单位领导指挥抢救贵重设备物资,或者组织人员撤离,等待消防人员救援。需要强调的是,对待火灾,要视具体情况,灵活处置。

（三）火灾逃生

1. 火灾逃生通道和出口的一般要求

火灾安全出口如图 4-3 所示。

图 4-3　火灾安全出口

（1）从建筑物任何一处到最近的最终出口或消防楼梯之间的穿行距离应当不超过 18 m。

（2）以下情况需要两个或两个以上出口，任何超过 60 人工作的房间；从任何一处到最近出口距离超过 12 m 的房间。

（3）出口的最小宽度应当为 750 mm。

（4）对于办公楼，走廊宽度不应当小于 1 m，当走廊长度超过 45 m 时应当用消防门隔开。

（5）消防楼梯的宽度应当至少为 800 mm，因与门相连，消防楼梯应当是防火的。

（6）一条消防楼梯只能满足不超过四层的大楼的消防要求。

（7）以下设施作为逃生手段是不允许的：旋转楼梯、自动扶梯、电梯、吊索、便携或可抛出的梯子。

（8）防火门必须向外开启。

（9）提供消防通道的门必须永远不能上锁。出于安全考虑，白天必须上锁时，则应当采用紧急保险螺栓，应将钥匙放在靠近出口门旁的盒子里。在靠近门的地方张贴适当的通知说明此情况。

（10）火灾出口门的上方或门上应当贴有火灾出口标志。

（11）火灾逃生路线上应当安装应急灯和标明其用途的标志，设置通向出口的方向指示。

（12）逃生路线上的走廊和楼梯应当由耐火材料制成，其表面加工的材料应当是不可燃的。

（13）火灾警报铃声应当在整个楼内都能听到。

（14）一般情况下，人员到达最近的火灾警报器距离不应超过 30 m。

当发现火灾时：

① 立即启动火灾警报(如果使用电话报警,应当提供姓名和地点)。

② 离开房间,关上你身后的门(为防止中毒窒息可以用湿毛巾捂住口鼻)。

③ 沿逃生路线走到室外。

④ 在集合地点报告消防管理员。

⑤ 不要试图再次进入建筑物。

2. 消防演习

每年应当至少举行一次全楼的火灾撤离演习。重点单位应当每季度或每月举行一次火灾撤离演习。消防管理员或其他指定人员应当担任撤离演习的领导。应当清楚地标明集合地点,所有人员,包括参观者,都应当了解自己的集合地点。

活动 4.3

确定你上课的教学楼和实验楼的逃生路线

活动目的:在火灾时能够逃生。

活动步骤:第一步,探测各个出口。

第二步,测量各个教室到最近各个出口的距离。

第三步,确定每个教室的最佳和次佳逃生路线。

第四步,按照本节相关的内容检查核对逃生路线的畅通性。

第五步,经学校管理部门批准,绘制逃生路线图,并张贴于明显处。

活动建议:小组讨论。

二、触电的应急措施

发生触电事故后要立即采取以下措施:

(一) 脱离电源

触电者触及低压带电设备,救护人员应设法使触电者迅速脱离电源。例如,如果触电地点附近有电源开关或刀闸,立即拉开电源开关或刀闸,拔除电源插头等;或使用绝缘工具、干木棒、干木条、绳索等不导电的物体使触电者脱离电源;也可抓住触电者干燥而不贴身的衣服,将其拖开,切记要避免碰到导电体和触电者的裸露身躯;也可戴绝缘手套使触电者脱离电源;救护人员也可站在绝缘垫上或干木板上进行救护。总之,根据电路原理采取恰当的措施,要在保证自身绝缘安全的前提下积极施救,自身绝缘安全才能救护触电者。

（二）触电者迅速脱离电源后，需平卧休息

1. 若触电者意识清醒，应立即松开其衣物，抬起下颌，使其保持呼吸道通畅，密切观察呼吸、脉搏及血压的变化。

2. 若触电者呼吸心跳停止，应立即采取人工呼吸及胸外心脏按压进行抢救。具体操作如下。

（1）解开妨碍触电者呼吸的紧身衣服。

（2）检查触电者的口腔，清理口腔的黏液，如有假牙，则取下。

（3）立即就地进行抢救，如呼吸停止，采用口对口人工呼吸法抢救，若心脏停止跳动或不规则颤动，可进行人工胸外挤压法抢救，一定不要中断。

如果现场除救护者之外，还有第二人在场，则还应立即进行以下工作：

（1）提供急救用的工具和设备。

（2）尽快拨打急救电话，请医生前来抢救。

（3）保持现场有足够的照明和保持空气流通。

（4）劝退现场闲杂人员。

三、天然气（煤气）或一氧化碳中毒的应急措施

发生天然气、煤气或二氧化碳中毒，立即采取以下措施：

（1）使中毒者迅速安全脱离现场，将中毒者移到空气新鲜处。

（2）保持安静，给中毒者保暖。

（3）拨打医疗急救电话“120”。

（4）如果中毒者呼吸停止，立即做人工呼吸。

四、氯气、氨气等化学气体中毒的应急措施

发生氯气、氨气等化学气体中毒，立即采取以下措施：

（1）及时报告。化学中毒事故应急救援是一项复杂的系统工程，需要组织各系统的救援力量，形成合力，才能达到良好的救援效果。一旦突发化学中毒事故，首先应及时向领导和有关部门报告，以便决策层能在第一时间启动应急救援预案，组织应急救援专业队伍，调查事故的原因，控制事故现场，及时救治中毒患者，化解事故造成的危害。

（2）当发生突发化学中毒事故时，应根据现场环境、毒物种类、浓度，科学、正确地选用防毒面具和其他个人防护用品，在保护自己的同时，积极参与事故的救援工作。

（3）控制现场。引起突发化学中毒事故的原因多是存放化工产品的容器发生意外破损、爆裂，导致大量有毒化工产品外泄和扩散，周围人群大量接触而中毒。

因此，控制现场，撤离周围人群是减少事故损失的重要途径。如果突发化学中毒事故，要立即封锁现场，不让非救援人员进入污染场所，及时堵住泄漏口或关掉阀门，阻止化学物质向外扩散，设法降低或消除化学物质的毒性。

（4）疏散转移人员。组织周围人群向上风方向转移并及时疏散下风方向的人群，避免中毒事故的蔓延。

（5）合理救治。

① 迅速将中毒者移离事故现场，到上风方向空气新鲜处。

② 对中毒者实施保暖，保持呼吸通畅。

③ 立即脱掉有化学物质污染的衣裤，如果患者眼部或皮肤受化学物质污染，必须马上用清水冲洗。

④ 如果中毒者停止呼吸，应立即做人工呼吸。发现有肺水肿，禁止做人工呼吸，只能由医生处置。

⑤ 尽快将患者送到医院进行专业救治，以防止病变加重。

五、机器伤害的应急措施

发现有人被机器夹住，应采取如下措施：

（1）立即停车和刹车，切断电源。

（2）向车间和单位安全部门报告。

（3）设法使受伤者脱离机器，注意不要造成新的伤害。

（4）受伤者脱离机械后，如果流血不止要进行包扎处理。如果需要就医，立即送医院。

六、机械撞击或者高处坠落伤害的应急措施

发现有人因机械撞击受伤或者从高处坠落受伤需要救助，应采取如下措施：

（1）立即向所在单位报告，如果受伤者无单位，可向政府部门报告，并拨打“120”急救电话。

（2）如果受伤者流血不止要进行包扎处理。如果伤者骨折，需要搬运或者需要固定，只能由有经验的人员处理，如果所有人都无法处理，则等待医生处理。

（3）现场人员保持安静，保护受伤者，对受伤者进行保暖，防止雨淋，直到医生到达和送上救护车。

2007 年 8 月 9 日下午 7:30 左右，北京丰台区方庄方景园 3 区 3 号楼 3 单元

504 室燃气管道发生爆炸，屋内 3 人均被烧伤。据了解，事发当时屋内正在对燃气管道进行放气。事发后保安及时赶到，将受伤人员救出，并疏散该楼部分居民。

五楼电梯门被炸烂。当天晚上 8:30，燃气公司以及物业工作人员正对出事现场进行维修。一名现场工作人员称，出事的是 504 室，爆炸是由于燃气泄漏引发，整个五层都受到了爆炸的波及，该层的电梯门被爆炸产生的冲击波推进电梯通道内。

保安灭火疏散居民。该小区保安小郭称，事发时他和其他七八个保安正在地下室，听到爆炸声后，他们抱起灭火器就冲了出去，当时电梯已无法使用，他们在楼梯间看到一男一女两人，男子身上被烧得焦黑，头发已经烧掉，在爆炸房间门口还有一名烧伤男子。保安们将三人搀扶下楼，并拨打了“120”和“119”。小郭说，在确定没有明火后，他们迅速撤离现场，并与其他保安一起将楼上和楼下的居民疏散，随后关闭燃气管道阀门。十多分钟后，楼内的居民很快都被疏散到了楼下广场上。

一天放三个小时的天然气。据了解，女子名叫刘士英，今年五十多岁。她告诉记者，他们于前天上午刚搬过来，因发现燃气根本无法点燃，便给物业打电话，物业人员说新楼只要对管道进行放气就行了。刘女士说，于是他们从上午 10 点开始，放了一个多小时的燃气，但仍不行，下午 5 点又接着放气。事发前两分钟，她在客厅闻到了浓重的燃气味，开门刚说“行了……”只听“砰”的一声，鞋都没穿就往外跑，但腿部还是被热浪给灼伤了。其丈夫和亲戚则被烧伤得更严重。

[问题]

1. 物业人员说“新楼只要对管道进行放气就行了”有什么技术错误？

2. 分析案例事故发生的直接原因和间接原因。

3. 为了预防上述事故发生，你有什么对策？

4. 事故发生后，应该采取哪些处理措施？

[问题分析]

1. 由天然气公司专业人员进行处理和解决问题，不应该擅自放气。

2. 直接原因：操作失误使燃气浓度达到爆炸极限；间接原因：A. 安全意识不足，B. 安全知识欠缺，C. 物业人员告知放气错误。

3. 由专业人员进行操作；工作人员必须掌握基本的应急措施。

4. A. 报火警，B. 拨打“120”急救电话，C. 疏散居民，D. 等待消防人员排除隐患。

活动 4.4

设计工作时发生机械撞伤的紧急处理程序

活动目的:掌握具体事故的紧急处理程序。

活动步骤:第一步,实施人机隔离(停机避免继续受伤,若失败则拨打“110”求救)。

第二步,向有关人员报告事故。

第三步,召唤专业急救服务(拨打“120”急救电话)。

第四步,临时护理,等待救护。

第五步,填写事故报告记录。

活动建议:采用模拟、角色扮演教学法。

课堂作业三

1. 假设你并非现场工作人员,发现火灾应该采取什么措施?

2. 复习第三单元,对于化学纤维起火,应使用哪种灭火剂?对于柴油、煤油起火,应使用什么样的灭火剂?

3. 判断正误,说明理由。

(1) 事故处理措施的步骤是一成不变的。

(2) 对火灾事故可以有不同的处理措施。

(3) 发生各种火灾都要切断电源和可燃物的供给渠道。

(4) 对受伤人员的救护只能由专业人员进行。

(5) 发生触电事故有时找不到开关,可使用绝缘工具、干燥的木棒、木板、绳索等不导电的东西使触电者脱离。

部分参考答案 10

(6) 对于森林火灾逃生的方向是风向的上风方向。

(7) 对于毒气泄漏的疏散方向是下风方向。

(8) 对于室内火灾的逃生方向是建筑物通向出口最近的安全通道。

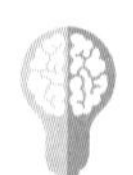

案例分析

[**案例 3**]

1984 年 12 月 3 日,印度中央邦首府博帕尔联碳公司农药厂异氰酸甲酯泄漏事故,使4 000名居民中毒死亡,200 000 人受害,是世界工业史上绝无仅有的大惨案。

［原因分析］

（1）该事故主要是由于 120～240 gal（454.25～908.50 L）水进入甲基异氰酸酯（简称 MIC）储罐中，引起放热反应，致使压力升高，防爆膜破裂而造成的。至于水是怎么进入罐内的，问题还未彻底查清，可能是因为工人的误操作。

（2）此外还查明，由于储罐内有大量氯仿（氯仿是 MIC 制造初期作反应抑制剂加入的），氯仿分解产生氯离子，使储罐（材质为 304 不锈钢）发生腐蚀而产生游离铁离子。在铁离子的催化作用下，加速了放热反应的进行，致使罐内温度、压力急剧升高。

（3）漏出的 MIC 喷向氢氧化钠洗涤塔，但该洗涤塔处理能力太小，不可能将 MIC 全部中和。

（4）洗涤塔后的最后一道安全防线是燃烧塔，但结果燃烧塔未能发挥作用。

（5）重要的一点是，该 MIC 储罐设有一套冷却系统，以使储罐内 MIC 的温度保持在 0.5 ℃左右。但调查表明，该冷却系统自 1984 年 6 月起就已经停止运转。没有有效的冷却系统，就不可能控制急剧产生的大量 MIC 气体。

（6）进一步的深入调查表明，这次灾难性事故是由于违章操作、设计缺陷、缺乏维修和忽视培训造成的。至少有十处违反了该总公司和印度公司的生产操作规程。而这一切又反映出该工厂安全管理的薄弱。

［问题］

（1）分析案例事故的直接原因和间接原因。

（2）为了预防上述事故，你有什么对策？

（3）对于上述案例事故发生后，应该采取哪些处理措施？

［案例 4］

2000 年 12 月 25 日 21 点 35 分，洛阳市东都商厦发生特大火灾，在商厦四楼歌舞厅参加圣诞节活动的群众及大楼内施工的部分民工被困。火灾造成 309 人死亡，全部系窒息死亡。大多数死者是在该商厦四楼歌舞厅烟熏致死。该歌舞厅由个体承包，属于违章经营。

［原因分析］

（1）东都分店非法施工、施焊人员违章作业是事故发生的直接原因。火灾是因该商厦地下一层东都分店非法施工、施焊人员违章作业、电焊火花溅落到地下二层家具商场的可燃物上造成的。

（2）东都商厦消防安全管理混乱，对长期存在的重大火灾隐患拒不整改是事故发生的主要原因。消防安全管理混乱，各承包单位消防安全工作职责不清，消防安全管理制度不健全、不落实，职工的消防安全教育培训流于形式。

（3）娱乐城无照经营、超员纳客是事故发生的重要原因。东都娱乐城纳客定额为 200 人。2000 年 12 月 25 日却借圣诞节之夜，无限制出售门票及赠送招待票，超员纳客，致使参加娱乐的人员高达 350 多人。

（4）政府有关职能部门监督管理不力是事故发生的重要原因。洛阳市政府有关职能部门明知东都商厦是市消防安全重点单位，存在严重的火灾隐患，既没有督促东都商厦采取有效措施进行整改，也未向市政府上报过治理请示，只做了罚款的行政处罚。

任务四 召唤合适的专业紧急救援

走进课堂

2003年2月18日发生在韩国大邱市的地铁火灾进一步证明，应急救援对事故预防和控制的重要作用。据调查认为，有人在1079号地铁列车上纵火，而该车司机和1080号列车司机未能及时向中央控制室报告火灾发生情况，也未能采取有效措施帮助乘客逃生。1080号列车司机在逃离火灾现场时，还拔走了机车的主控钥匙，致使列车完全断电，车门不能打开，导致大批乘客死亡。而中央控制室工作人员没有及时观察电视监控画面，没有对司机及时下达正确的指令，中央控制室维护人员将火灾警报误认为是警报系统故障，耽误了救助工作。此外，发生事故后没有及时采取疏散等措施是造成一百多人死亡，一百多人受伤的主要原因。

思考与提示

当你发现事故非常严重时，你该怎样召唤专业紧急救援？

及时召唤专业的紧急救援，你可以获得更有效的帮助。

专业紧急服务的类型

目前，国家相关部委、县级及县级以上各级政府都制订有各级各类事故的应急预案，可以处理各种突发的事故。

对于重大的自然灾害事故，可以拨打地方应急管理部门电话报告事故，或者拨打当地政府公开电话报告事故，也可以拨打“119”，由政府或专业部门组织力量进行应急救援。

对于抢劫、凶杀、斗殴等治安事件拨打“110”，由警察处置。若有人受伤严重，还应拨打“120”急救电话。

对交通事故拨打“122”，由交警处置，也可拨打“110”，由警察通知交警。若有人受伤严重，还应拨打“120”急救电话。

对于受困，如困于原始森林、困于电梯内、困于楼顶等，应当拨打“110”，警察会组织力量救援。有的地方，防盗门打不开，也可以拨打“110”求助。

对于身体伤害事故，应当拨打“120”急救电话。

对于火灾，拨打“119”，说明报警人姓名、报警电话及火灾地点、着火类型等。

最后应当强调，若你不知道具体求救电话，那么你知道什么求救电话就打什么电话，会有人告知应拨打的求救电话号码，当然你也可以打电话询问你的朋友。例如，你仅知道“122”，那么任何事故你就拨打“122”，接电话者会告知你应拨打的电话。

活动 4.5

填写下面表格中专业服务的具体内容

电话号码	专业服务的具体内容
110	
119	
120	
114	
112	
12315	
121	
184	

思考与练习

2018 年 10 月 28 日 10 时 08 分，重庆市万州区长江二桥发生重大交通事故，一辆大巴车在行驶中突然越过中心实线撞上一辆正常行驶的红色小轿车后坠江。重庆万州的 22 路公交车坠江事件燃爆整个网络，成为大家关注的焦点，引起热议。

［紧急救援］

事故发生后，重庆市万州区两级党委政府高度重视，紧急组织公安、海事、长航等相关部门全力搜救。万州区已按照应急预案，开展失联人员亲属的心理疏导、安抚慰问等善后工作。

重庆长航等单位的专业打捞船采用多波束声呐，基本确定坠江公交车位置。打捞面临的主要难点是水域复杂、江水较深，定位、探测工作正进一步开展。待准确定位后，完善搜救方案，迅速开展打捞工作。

接到事故报告后，应急管理部党组书记黄明立即到部指挥中心连线指导现场救援工作，协调核实车上人数，调集救援力量组织营救，同时派出由应急管理部副部长孙华山牵头，由公安部、交通运输部等部门参加的联合工作组赶赴现场，全力指导协助地方党委和政府做好人员搜救等处置工作。

重庆市消防总队50名指战员、5辆消防车、2艘冲锋舟已在现场开展救援。水上支队及其他支队已做好增援准备。

应急管理部已调派国家水上应急救援重庆长航队7名潜水员、4名深潜队员和1名深潜医务人员，以及40吨级全旋转浮吊打捞船赶赴重庆市万州区公交车坠江事故现场，参与人员搜救等处置工作。

交通运输部已派相关人员与应急管理部、公安部组成联合工作组赴现场协助当地政府开展救援。

课堂作业四

1. 什么是人机隔离？
2. 怎样召唤专业急救救援？
3. 试填写下面事故报告单。

××市生产安全事故报告单

<table>
<tr><td>事故单位名称</td><td colspan="2"></td><td>地址</td><td colspan="2"></td><td>电话</td><td></td></tr>
<tr><td>经济类型</td><td>国有（ ）集体（ ）股份合作（ ）联营（ ）有限责任（ ）股份有限（ ）私营（ ）港澳台（ ）外商投资（ ）其他（ ）</td><td>注册所在地区</td><td></td><td>主管部门</td><td></td><td>事故类别</td><td></td></tr>
<tr><td>主要产品与物料</td><td></td><td colspan="2">企业规模</td><td colspan="4">大型（ ）中型（ ）小型（ ）</td></tr>
<tr><td>事故时间</td><td>年 月 日 午 时 分</td><td colspan="2">事故地点</td><td colspan="4"></td></tr>
<tr><td>报告单位</td><td></td><td colspan="2">报告人</td><td colspan="2"></td><td>联系电话</td><td></td></tr>
<tr><td colspan="8">事故简况及已采取的措施：</td></tr>
</table>

姓名	死亡	重伤	失踪	性别	年龄	就业类型

初步估计的直接经济损失（万元）：

部分参考答案11

单元内容小结

1. 通过介绍什么是紧急情况,在紧急情况下怎样实施人机隔离程序,怎样进行车间报警、撤离,使学习者在紧急情况下能进行自我保护,并保护他人。

2. 通过介绍火灾紧急情况处理的实例,帮助学习者掌握紧急预案的制定及组织实施方法。

3. 通过介绍怎样采取正确的紧急情况处理方法,学会及时召唤专业紧急救援,比如受伤、火灾、报警等。

知识测试题

1. 判断正误并说明理由。

(1) 紧急事件是指火灾、爆炸、楼房倒塌、污染、传染病等。

(2) 紧急事件发生时,人员必须等待进一步的指令才能采取行动。

(3) 旋转楼梯、自动扶梯可以作为火灾逃生的途径。

(4) 一般情况下,人员到达最近的火灾警报器距离不应当超过 30 m。

(5) 当火灾发生以后,你可以返回建筑物取出自己贵重的物品。

(6) 当你摔伤严重时如骨折、不能站立,你应当拨打“120”电话。

(7) 我们可以准确预测事故发生的时间。

(8) 原则上讲,人为事故都可以预防。

(9) 任何一起安全事故的发生都有直接原因和间接原因。

(10) 任何一起安全事故都有人和物两方面的原因。

(11) 事前预防是安全的重要保证。

(12) 大多数事故是可以预防的。

(13) 事故发生往往伴随着违规行为。

(14) 安全知识的教育培训是预防事故发生的措施之一。

(15) 严格执行国家制定的安全法律法规有利于预防事故的发生。

(16) 人们可以完全消灭潜在的危险。

(17) 使用漏电保护开关符合消灭潜在危险的原则。

(18) 电器的接地保护符合降低危险的原则。

(19) 对于微波炉的辐射可以采取安全距离和时间防护原则。

(20) 家庭用的高压锅的安全阀利用了闭锁的防护原则。

(21) 发生各种火灾都要切断火场电源和可燃物的供给渠道。

(22) 有人触电若找不到开关,可用干木棒等不导电物品使触电者脱离带电体。

部分参考答案 12

(23) 对于森林火灾和毒气泄漏逃生的方向是风向的上风方向。

2. 我国的安全方针是什么?

3. 事故发生的间接原因有几种?

4. 你如何理解事故应急措施的重要性?

5. 防止事故发生有哪些对策?

6. 危险防护原则有哪些? 举例说明。

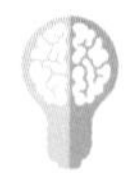

案例分析

[**案例 4-1**]

2008 年 3 月 13 日下午 5 点 30 分,南京某大学动力楼突然失火,如图 4-4 所示。至 7 点 50 分左右,大火才被扑灭。该大学动力楼为木顶的四层楼房,此次过火面积达 1 000 多平方米,火灾没有造成人员伤亡。目前火灾原因仍在调查中。

大火烧得很旺

烧成空洞的楼顶和窗户

图 4-4　南京某大学发生火灾的情景

14 日上午,动力楼前一圈鲜红的警戒线将师生挡在外面,消防、公安部门正和校领导在现场勘察火灾原因。“这是学界的损失,”一位动力系教师难过地说。动力系一位研究生告诉记者，有 30 多个房间被烧毁，包括约 10 个实验室。记者问及火灾损失时，在现场的一位白发苍苍的教师用“无法估计”来形容。“光是建筑设计院在四楼的设备，可能就值上千万吧，那些没来得及转移的研究成果、软件、设计文档，还有多少毕业同学的论文资料，这些更是宝贝，多少钱都买不来的。”

一名研究生说，自己平日里只顾着攻克学术难题，防火意识比较淡薄。“有时多个心眼儿，就能远离很多危险，像离开房间时随手切断电源这些小细节，很容易做到，但一忙起来就不去注意，一旦产生后果，后悔都来不及了。”还有的同学发现，校园内不少建筑跟动力楼一样是木顶结构，并且周围没有有效的空间和隔离带，他们建议应该及时采取措施，以防悲剧重演。

[问题]

1. 对案例中的火灾，你认为应该采取哪些处理措施？

2. 从案例事故中，你能得到什么教训？从自身来讲，在学校生活中，怎样预防类似火灾？

[案例 4-2]

一、应急机构的组成

1. 领导小组

防震抗震小组由张才平校长任组长，成员由政教处、教务处、总务处有关人员组成。校长办公室兼防震减灾办公室，邱国兴同志任联络员。

2. 主要职责

(1) 加强领导，健全组织，强化工作职责，加强对破坏性地震及防震减灾工作的研究，完善各项应急预案的制订和各项措施的落实。

(2) 充分利用各种渠道进行地震灾害知识的宣传教育，组织、指挥全系统防震知识的普及教育，广泛开展地震灾害中的自救和互救训练，不断地提高广大师生防震抗震的意识和基本技能。

(3) 认真搞好各项物资保障，严格按预案要求积极筹储、落实饮食饮水、防冻防雨、教材教具、抢险设备等物资，强化管理，使之始终保持良好的战备状态。

(4) 破坏性地震发生后，采取一切必要的手段，组织各方面力量全面进行抗震减灾工作，把地震灾害造成的损失降到最低点。

(5) 调动一切积极因素，迅速恢复教育教学秩序，全面保证社会稳定。

二、临时应急行动

1. 接到上级地震、临震预(警)报后，领导小组立即进入临战状态，依法发布有关消息和警报，全面组织各项抗震工作。各有关组织随时准备执行防震减灾任务。

2. 组织有关人员对所属建筑进行全面检查，封堵、关闭危险场所，停止各项室内大型活动。

3. 加强对易燃易爆物品、有毒有害化工产品的管理，加强对大型锅炉、供电输电、机房机库等设备、场所的防护，保证防震减灾工作顺利进行。

4. 加强广大师生宣传教育，做好师生、学生家长的思想稳定工作。

5. 加强各类值班值勤，保持通信畅通，及时掌握基层情况，全力维护正常的工作和生活秩序。

6. 按预案落实各项物资准备。

三、震后应急行动

1. 无论是否有预报、警报，在本市范围或邻近地区发生破坏性地震后，各级领导小组立即赶赴本级指挥所，各抢险救灾队伍必须在震后 1 小时内在本单位集结待命。

2. 各级领导小组在上级统一组织指挥下，迅速组织本级抢险救灾。

(1) 迅速发出紧急警报，组织仍滞留在各种建筑物内的所有人员撤离。

(2) 迅速关闭、切断输电、燃气、供水系统（应急照明系统除外）和各种明火，防止震后滋生其他灾害。

(3) 迅速开展以抢救人员为主要内容的现场救护工作，及时将受伤人员转移到附近救护站进行抢救。

(4) 加强对重要设备、重要物品和历史文物的救护和保护，加强校园值班值勤和巡逻，防止各类犯罪活动。

3. 积极做好广大师生的思想宣传教育工作，迅速恢复正常秩序，全力维护社会安全稳定。

4. 迅速了解和掌握本系统的受灾情况，及时汇总上报。

四、其他

1. 进入防震紧急状态后，市指挥部将通过市各新闻媒体发布各种命令、指示，学校防震减灾领导小组将通过广播、电话、口授等形式传达各种命令、指示。

2. 在抗震减灾应急行动中，各部门要密切配合，服从指挥，确保政令畅通和各项工作的落实。

[问题]

请你参照以上防震抗震应急预案并结合在本单元学到的知识，写一份你所在学校的某方面的应急预案。

单元技能测试记录表

<table>
<tr><td>鉴定内容</td><td>召唤专业急救服务</td><td>鉴定方法</td><td>模拟</td><td>鉴定人签字</td><td colspan="2"></td></tr>
<tr><td colspan="2" rowspan="2">关键技能</td><td colspan="3" rowspan="2">操作程序</td><td colspan="2">鉴定结果</td></tr>
<tr><td>通过</td><td>未通过</td></tr>
<tr><td colspan="2">实施人机隔离</td><td colspan="3">1. 确定事故的类型与职场环境
2. 切断电源
3. 确定临时负责人员
4. 采取人机隔离措施</td><td></td><td></td></tr>
<tr><td colspan="2">安全撤离、报警</td><td colspan="3">1. 制订安全报警及撤离程序
2. 组织人员安全撤离</td><td></td><td></td></tr>
<tr><td colspan="2">实施专业急救服务</td><td colspan="3">召唤专业紧急救援</td><td></td><td></td></tr>
<tr><td colspan="7">鉴定者评语：</td></tr>
<tr><td>鉴定成绩</td><td></td><td>鉴定时间</td><td></td><td>被鉴定人签字</td><td colspan="2"></td></tr>
</table>

单元课程评价表

姓名：______________ 日期：______________

当你完成了本单元的学习，我们希望你能对下面的项目提出你的建议。

请在相应的栏目内打钩	非常同意	同意	没有意见	不同意	非常不同意
1. 本单元给我提供了很好的召唤专业紧急救援的综述					
2. 本单元帮助我理解了专业紧急救援的理论					
3. 我现在对尝试召唤专业紧急救援更有自信了					
4. 该单元的内容适合我的要求					
5. 该单元中举办了各类活动					
6. 该单元中不同的部分融合得很好					
7. 教师待人友善、愿意帮忙					
8. 本单元的教学让我做好了参加评估的准备					
9. 本单元的教学方法对我的学习有帮助					
10. 该单元提供的信息量正好					
11. 评估与鉴定公平、适当					

你对将来改善本单元的教学有什么建议？

____

____

能力单元五　遵守基本的安全操作程序

单 元 概 述

一、单元能力标准

能力要素	实作标准	知识要求
遵守基本的安全操作程序	1. 根据法律法规和企业规章制度，遵守安全措施及程序 2. 告知相关人员安全操作程序和正确的实施方法	1. 遵守安全操作程序规定的重要性 2. 安全生产法律法规对遵守安全操作程序的规定 3. 告知相关人员安全操作程序和正确的实施方法 4. 材料安全数据表的编制

二、单元学习目标

了解安全生产法律法规和企业规章制度；正确阅读和填写相关表格上的记录与报告相关的安全事件；能准确告知相关的人员安全操作程序和正确的实施方法。

三、单元内容描述

熟知生产经营单位的安全规章制度和安全技术操作规程，明确遵守安全规章制度和安全技术操作规程的重要性；明确告知相关的人员安全操作程序和正确的实施方法的重要作用，学会准确告知相关的人员安全操作程序和正确的实施方法。

四、单元教学重难点

教学重点：企业安全生产条例及规章制度。

教学难点：把安全操作程序和正确的实施方法通告企业的全体员工。

五、单元学习方法建议

采用讲授、小组讨论、完成现场实作、查阅资料等教学方法与手段。

任务一　遵守安全生产规章制度和安全技术操作规程

走进课堂

河南省某化肥厂机修间，1号Z35摇臂钻床因全厂设备检修，加工备件较多，工作量大，人员又少，工段长派女青工宋某到钻床协助主操作工干活儿，往长3 m、直径75 mm的不锈钢管上钻直径50 mm的圆孔。宋某在主操作师傅上厕所的情况下，独自开车，并由手动进刀改为自动进刀。由于钢管是半圆弧形，切削角力矩大，产生反向上冲力，当孔钻到2/3时，工具夹（虎钳）紧固钢管不牢，使钢管迅速向上移动且脱离虎钳，造成钻头和钢管一起做360°高速转动，钢管先将现场一个长靠背椅打翻，然后打击了宋某的臀部并使其跌倒，宋某头部被撞伤破裂出血，缝合5针，骨盆严重损伤。

思考与提示

1. 你认为这起事故的主要原因是什么？
2. 如何避免发生此类事故呢？

一、生产经营单位的安全生产规章制度

（一）安全生产规章制度的定义

安全生产规章制度是生产经营单位根据其自身的生产经营范围、作业危险程度、工作性质及其具体工作内容的不同，依照有关安全生产的法律、法规以及有关国家标准或者行业标准，结合本单位的实际情况制定的具有可操作性的安全生产方面的具体制度和要求，是企业安全生产的管理标准，是建立现代企业制度的重要内容。

（二）安全生产规章制度的分类

第一类是以安全生产责任制为核心的综合性安全管理制度。

第二类是各种单项安全生产规章制度，如安全培训教育制度、安全检查制度、安全隐患排查制度等。

第三类是岗位安全技术操作规程。

（三）安全生产规章制度的重要作用

安全生产规章制度是生产经营单位规章制度中的一个重要组成部分，是保证劳动者的安全和健康、保证生产活动顺利进行的手段。

党和国家的安全发展理念、安全生产方针和政策、安全生产法律法规要通过生产经营单位安全生产规章制度去体现。安全生产规章制度是自然规律的总结，是血的教训凝结成的。建立健全安全生产规章制度，可以保护劳动者安全生产的权利，满足安全生产保障条件，有条不紊地组织生产，做到安全生产。同时，可以从制度上促进广大劳动者树立“安全第一、预防为主”的思想，强化安全意识，按照安全生产规章制度进行生产作业。

生产经营单位应当建立健全本单位的安全生产规章制度，并且还应当按照《中华人民共和国安全生产法》第四十三条“生产经营单位应当教育和督促从业人员严格执行本单位的安全生产规章制度和安全操作规程”的规定，确保安全生产规章制度落到实处。

遵守安全生产规章制度是劳动者最大的义务。劳动者在职场从事作业前必须参加单位安全生产规章制度培训，熟悉单位的安全生产制度，并在工作过程中时刻遵守安全生产规章制度，切实做到“不伤害自己，不伤害他人，不被他人伤害”。

二、安全技术操作规程

（一）安全技术操作规程的定义

安全技术操作规程是为了保证生产而制定的、操作者必须遵守的行动规则，是保证安全生产的措施，也是追究违章事故责任的依据。它是各工种、各岗位操作工人的具体操作规范，具有较强的针对性和可操作性。

（二）安全技术操作规程的类型

安全技术操作规程主要分为工种（岗位）安全技术操作规程、设备（机械）使用安全技术规程、施工（作业、工艺）安全技术操作规程等。

按照涉及面分为行业（企业）通用安全技术操作规程、具体岗位（设备等）安全技术操作规程。施工中采用新技术、新工艺、新材料或新设备时，必须制定相应的安全技术操作规程等。

（三）违反安全技术操作规程的主要表现

1. 不按规定的操作程序进行作业

例如，未经许可或未给信号设备操作工就开动、关停、移动机器设备；电工在进行电气设备检修时，应该先断电再作业的，却采用了带电作业等。

2. 不按安全操作技术规程要求进行操作

例如，火车司机在弯道行驶时不按要求减速；在有气体燃爆的危险环境中，燃爆气体浓度达到最高容许浓度时，未采取断电撤人措施而继续作业；在易燃易爆场合动用明火等。

3. 不采取规定的安全措施

例如，高空作业不按要求系安全带；未进行“敲帮问顶”，就开始掘进作业等。

4. 造成安全装置失效

例如，违规拆除安全装置；错误调整安全装置动作阈值等。

5. 不按规定选用符合安全要求的材料、设备、设施

例如，爆破作业选用非安全标准炸药；临时使用无安全装置的设备等。

6. 冒险进入危险的作业场所

例如，未采取安全措施，不经安全监察人员允许就进入有毒有害气体超限的油罐或区域进行作业等。

7. 不按规定使用安全防护装备，或安全装束不安全

例如，在必须使用个人防护用品用具作业时未按要求佩戴护目镜、面罩、防护手套，未穿安全鞋，未戴安全帽；在有旋转零件的设备旁作业时穿过于肥大的服装，操纵带有旋转部件的设备时未戴手套等。

8. 在不安全位置停留

例如，在起吊物下作业；攀、坐平台护栏、汽车挡板、吊车吊钩等。

9. 不进行安全检查和检验检测

例如，井下爆破作业，不采取“一炮三检”等。

（四）遵守安全生产规章制度的基本要求

（1）必须熟悉所在单位的安全生产规章制度和安全操作规程，要接受安全生产规章制度的教育培训，并牢记于心。

（2）针对岗位、设备和生产作业场所进行仿真或实际的安全操作训练。

（3）严格按照安全技术操作规程进行作业。

（4）拒绝违章指挥。提醒职场其他人员遵守安全规章制度，对违章行为进行制止、举报。

（5）对照安全生产规章制度主动查找安全隐患，总结分析科学合理的操作程序，对安全技术操作规程提出合理的修改意见。

活动 5.1

收集分析各类岗位安全技术操作规程

活动目的：帮助学习者了解生产经营单位岗位安全技术操作规程。

活动步骤：第一步，通过上网、查阅书籍等途径自行查找若干企业岗位安全技术操作规程。

第二步，以小组为单位对收集的岗位安全技术操作规程进行分析。

第三步，小组之间进行交流。

活动建议：采用小组讨论形式进行讨论。

活动 5.2

分析违反安全技术操作规程的具体表现

活动目的：帮助学习者在掌握了教材内已列举内容的基础上，结合事故案例教学片等，进一步查找在生产经营单位常见的违反安全操作程序的具体表现。

活动步骤：第一步，观看因违反安全技术操作规程而导致的事故案例教学片。

第二步，分析片中事故违反安全操作规程的具体行为，填写在卡片上（每一种行为填 1 张卡片）。

第三步，每个小组在主持人召集下，在白板上张贴卡片进行归类分析，确定公认的主要违反安全技术操作规程的行为。

第四步，各小组之间进行交流。

活动建议：采用小组讨论形式进行讨论。

思考与练习

2003 年 12 月 23 日，位于重庆市开县高桥镇的中石油川东北气矿罗家 16H 井发生特大井喷，富含硫化氢的气体大量喷出并在短时间内迅速扩散传播，导致 243 人中毒死亡，数千人受伤，6.5 万多人紧急疏散，受灾人口近 10 万人，直接经济损失 6 500 万元，如图 5-1 和图 5-2 所示。该事故被国务院事故调查组确定为重大责任事故，6 名事故直接责任者分别被判处 3～6 年有期徒刑，川东钻探公司、四川石油管理局、中石油集团公司数十位有关人员被给予党纪政纪处分,中石油集团公司原总经理引咎辞职。该起事故是1949年以来,重庆市历史上死亡人数最多的一起特大安全事故,也是世界石油天然气开采史上伤亡最惨重的事故。

图5-1 事故现场

图5-2 事故救援现场

在事故发生前三天,四川石油管理局钻采工艺技术研究院定向井服务中心罗家16H井现场技术服务组负责人在重新制定钻具组合方案时,明知罗家16H井已钻开油气层,本应严格执行在钻柱上始终安装钻具内防喷工具回压阀的有关规章制度,却忽视回压阀在钻井安全中的重要性,违章决定卸下原钻具组合中的回压阀防井喷装置。钻井队井控技术管理人员,明知其决定违规且有责任拒绝,却违反有关的规章制度,安排工人卸下了钻具组合中的回压阀。钻井队队长因工作严重不负责任,在发现钻具组合中的回压阀被他人卸掉的严重违章行为后,既未责令整改,在起钻作业中采取有效的井控措施,也未向上级主管部门报告,致使重大事故隐患未得到消除。

[问题]

1. 你认为导致本起事故发生的直接原因和间接原因有哪些?

2. 请试着总结事故教训并提出整改意见。

[问题分析]

1. 相关细节

2003年12月23日,16H井钻至井深4 049.68 m时,因定向钻井进展不顺利,需起钻以调整钻具组合来控制井眼轨迹。钻井12队副司钻带领3名钻工在钻台上具体实施起钻作业。本应按井队针对罗家16H井的特殊规定,每起出3柱钻杆必须灌满钻井液一次,以保持井下的液柱压力,防止溢流发生,确保井控作业安全,但起钻人员无视规章制度,违反操作规程,甚至连续起出9柱钻杆而未灌注钻井液,致使井下液柱压力下降,再次为造成溢流并导致井喷留下隐患。

21点55分，在起钻过程中发生异常，泥浆总体积上涨，溢流增加，随即发出井喷警报。现场人员停止起钻，下放钻具，准备抢接顶驱关旋塞。但因大量泥浆强烈喷出井外，致使抢接顶驱关旋塞未成功。随后又采取关球形和半闭防喷器、上提顶驱接断钻杆、开通反循环压井通道，启动泥浆泵，向井筒环空内泵注入重泥浆等一系列措施均未奏效。至22点4分左右，井喷完全失控，井喷带出了大量硫化氢，并迅速扩散。井喷发生后，川东钻探公司负责井控、安全和应急救援的副经理兼总工程师未按公司安全操作规程的规定下达采取放喷管线点火措施的指令，致使事态不断扩大和恶化，波及区域及伤亡人畜数量大大增加。85个小时后压井终于成功，井喷事故得到控制。

2. 原因分析

（1）石油天然气开采企业属于高危行业，应当有能力预见到作业过程可能诱发井喷并造成有毒气体硫化氢的外泄，也应当有能力采取防范措施并对事故加以有效控制，按照有关规定还应当制订特大事故的应急预案，设置救援机构和队伍。

（2）当井喷发生后，开县县政府接到钻井队的报告电话已是23点25分左右，离井喷时间已过了一个半小时，而受害最深的高桥镇却一直没有接到钻井队的电话。

（3）高危行业在规划建设中必须考虑工程周边居民的安全，确保经济与社会、人与自然的和谐发展。从事高危产品生产的企业有义务向周边群众普及安全防范常识，使他们在事故发生后有能力采取自我保护措施，有意识地迅速撤离。

课堂作业一

1. 以下哪些属于生产经营单位的安全规章制度？（　　）

A. 安全技术操作规程　　B. 安全生产责任制

C. 安全员劳动用工合同　　D. 生产作业安全须知

E.《中华人民共和国安全生产法》

2. 以下哪些是违反安全技术操作规程的主要原因？（　　）

A. 当事人不熟悉安全技术操作规程

B. 存在不安全的心理和动机

C. 国家没有明确的要求

D. 安全技术操作规程不符合要求或不齐全

E. 当事人安全法纪意识淡薄

F. 人们对生产规律的认识不足

3. 违反安全操作规程的后果是什么？（　　）

A. 可能导致事故发生　　B. 破坏安全管理的秩序

C. 能提高工作效率　　D. 降低安全制度的严肃性

E. 可以提供一些案例

部分参考答案13

4. 怎样对待安全违章行为？（　　）

A. 只要没有发生事故，不应该追究

B. 每一次都应当用罚款处理的办法简单处理

C. 每一次都进行批评教育并按规定进行处理

D. 及时制止和提醒

E. 不必多管闲事，就当没发现

F. 应该多帮当事人解释一下

5. 列举一个生产过程或一个岗位容易发生的违反安全操作规程的常见行为并具体说明。

任务二　告知相关人员安全操作程序和正确的实施方法

走进课堂

2017 年 4 月 28 日，位于高明区沧江工业园的某塑业有限公司发生一起机械伤害事故，二车间 2 号贴合机一班班长黄某某在三层贴合机岗位作业时，进入贴合机设备内清理冷却辊工段杂物，被冷却辊夹住受伤。现场工人马上停机组织抢救，经抢救无效死亡。

事故调查组经调查认为，发生该起事故的原因主要有：

（1）某塑业有限公司二车间贴合机冷却辊危险部位未安装安全防护装置，未设置安全警示标志；

（2）二车间 2 号贴合机一班班长黄某某安全意识淡薄，违反安全操作规程，在未停机情况下进入贴合机设备内清理杂物，被运转的冷却辊夹住拖（转）动，致使其上半身被冷却辊组夹住受伤（死亡）。

（3）某塑业有限公司未健全安全生产责任制，未制定并实施安全生产考核、奖惩制度，未督促从业人员严格执行本单位的安全生产规章制度和操作规程，未在贴合机操作岗位张贴安全技术操作规程。

思考与提示

1. 怎么避免类似的事故再次发生？

2. 为什么要在贴合机操作岗位张贴安全技术操作规程？

一、告知安全操作程序和正确的实施方法的目的与作用

让作业人员和其他相关人员明确职场可能面临的职业危害或使用的设备、材料可能带来的伤害，熟悉并掌握其发生发展规律，增强防范意识，及时发现和控制职业伤害，实施安全操作程序和方法，采取安全措施，避免事故发生，减少职业伤害。

让使用设备、产品和材料的生产经营单位了解相应的安全注意事项，从而对相关的人员进行安全教育培训，采用必要的安全的技术措施，按照正确的操作程序和实施方法设计工艺，确保生产过程安全可靠。

二、安全法律、法规对告知安全操作程序和正确的实施方法的要求

安全法律、法规规定，明确告知劳动者职业危害、安全操作程序和正确的实施方法是生产经营单位及其各级管理人员的法定义务。例如，《中华人民共和国安全生产法》(2014)第三十七条规定，“生产经营单位对重大危险源应当登记建档，进行定期检测、评估、监控，并制订应急预案，告知从业人员和相关人员在紧急情况下应当采取的应急措施”；第四十一条规定，“生产经营单位应当教育和督促从业人员严格执行本单位的安全生产规章制度和安全操作规程，并向从业人员如实告知作业场所和工作岗位存在的危险因素、防范措施以及事故应急措施”；第一百零一条规定，“生产经营单位未按规定对从业人员进行安全生产教育和培训，或者未按照规定如实告知从业人员有关的安全生产事项的，责令限期改正；逾期未改正的，责令停产停业整顿，可以并处 2 万元以下的罚款”。

三、材料安全数据表

（一）材料安全数据表的定义

材料安全数据表(Material Safety Data Sheet，MSDS)，也称为化工产品安全技术说明书，或称为化学材料安全评估报告，简称 MSDS 报告。MSDS 评估认证报告说明了该种化工产品对人类健康和环境的危害性并提供如何安全搬运、贮存和使用该化工产品的信息，是一份关于危险化工产品的燃爆性能、毒性和环境危害以及安全使用、泄漏应急救护处置、主要理化参数、法律法规等方面信息的综合性文件，是告知化工产品的理化特性(如 pH、闪点、燃点、反应活性等)以及对使用者的健康(如致癌、致畸等)可能产生的危害的一份文件，是传递化工产品危害信息的重要报告。在化工产品的国际贸易中，客户在购买化工产品之前，应向供应商索取 MSDS，经审核，符合条件者才有资格同采购部门进行下一步的商务接触。

（二）材料安全数据表的主要内容

1. 物质/配制品的鉴别和公司/单位的鉴别

需要指出物质的化学名称，配制品的商品名称或者指定名称；说明物质或配制品的所有已知用途；指出物质或配制品在欧盟上市的负责人，无论是制造商、进口商还是分销商；提供应急电话，说明该电话是否仅在办公时间接通。

2. 危险鉴别

指出物质或配制品的危险分类，简要说明物质或配制品对人类和环境造成的危害。

3. 成分/组成信息

对危险性配制品来说，在一定的条件下需列出危险性配制品的具体组成信息。对非危险性配制品来说，在一定的条件下，应列出配制品中所含物质的性质、浓度或浓度范围。

4. 急救措施

用简短易懂的语言描述现场急救措施，还要说明是否需要或建议医生的专业救助。

5. 消防措施

说明适用的灭火剂、不能用的灭火剂、燃烧产生的气体暴露危害及防护装备要求。

6. 泄漏应对措施

一旦泄漏，对个体防护、环境污染防护、清洁的方法进行说明。

7. 处理和储存

详细说明安全处理的预防性措施，如密封、防止火灾的措施和环保方面的措施等。详细说明安全储存的条件，给出储存条件下有关量值限制的建议。特别要说明对物质或配制品包装容器中使用材料类型的特殊要求。特别对于具有特殊用途的最终产品，应指出确定的用途。

（三）材料安全数据表的实例

以 Air Products and Chemicals Inc 生产的产品四氯化硅安全数据表为例。

材料安全数据表(MSDS)

第 1 部分 产 品 概 述

产品名称：四氯化硅 Silicon Tetrachloride

化学名称：四氯化硅

分子式：$SiCl_4$

代名词：Tetrachlorosilane，Silicon Chloride

生产商：

查询电话：

MSDS 号码：

修订次数:3

复查日期：

修订日期：

第 2 部分　主要组成与形状

含量:>99%

CAS 号码:10026-04-7

嗅觉下限:0.067 mg · L^{-1}(如同 HCl)

第 3 部分　危害概述

紧急情况综述:此物质为腐蚀性、毒性、非燃性液体,会伤害眼睛、皮肤与呼吸道。接触水或空气中的湿气会产生刺激性气体,与水产生剧烈反应。

紧急情况联系电话:(略)

健康危害效应：

吸入:对呼吸系统具有腐蚀性及强烈的刺激性。其会立即水解形成盐酸与胶状的硅氧烷,伤害呼吸道黏膜,会造成深度肺炎及肺积水,严重时会致命。

食入:灼伤口腔、喉咙及消化系统。

皮肤:剧烈的化学性灼伤造成红肿。

眼睛:刺激与腐蚀。暴露于高浓度下会造成灼伤,甚至失明。

环境影响:危害动植物生长,甚至死亡。

物理性及化学性危害:(略)。

特殊危害:强腐蚀性。

主要症状:刺激感、咳嗽、呼吸困难、哽塞感、胸疼痛、呕吐、肺积水、皮肤发红及起泡、失明、疼痛、灼伤、口渴、痉挛、恶心。

危害物质分类:8、6.1。

第 4 部分　急救措施

对急救人员的要求:急救人员应穿戴自负式呼吸器具(SCBA)。

不同暴露途径的急救措施：

吸入:将患者移至新鲜空气处,保持患者温暖与安静,立即送医治疗。若呼吸停止由受过训练的人员施以人工呼吸,但不可以口对口方式。在送医途中持续给患者供给氧气。延迟性的肺水肿可能发生。患者至少留院观察 24 小时。

食入:饮用大量水,不可催吐,不可给予碳酸盐,不可给昏迷者喂食,立刻送医急救。

皮肤接触:尽快以大量水冲洗患部,并在冲水时脱去污染的衣物,包括污染的鞋、袜。

眼睛接触:使用大量水缓慢冲洗15分钟以上,并不时地撑开眼皮冲洗,立即送医。

最重要的症状及危害效应:(略)。

急救人员的防护:戴防护手套,不宜用口对口人工呼吸,可用单向活瓣口袋式面罩。

对医师的提示:大部分的暴露是由于氯化氢的释放引起的,四氯化硅对黏膜有刺激性和腐蚀性。吞入会导致上消化道溃烂、穿孔或腹膜炎。

第5部分 火灾和爆炸

闪点:(略)。

自燃温度:(略)。

燃烧极限:(略)。

灭火剂:此物质不可燃且不支持燃烧,使用适应其周围火情的灭火材料。

灭火时可能遭遇的特殊危害:避免与水接触,因为有剧烈反应,产生氯化氢气体。暴露于高热或火焰时,钢瓶内的压力会上升,大部分的钢瓶皆被设计成可由瓶阀的破裂片释放高压气体。如果破裂片失效,可能导致爆炸。

特殊的灭火程序:撤离所有人员,在无立即危害的前提下应搬移火场中的钢瓶,洒水冷却钢瓶,直到火焰被扑灭。

消防人员的特殊防护设备:空气呼吸器SCBA、防毒面具、A级防护衣。

危害燃烧产物:氯化氢、氧化硅、氯化物。

第6部分 意外泄漏应急处理

个人的注意事项:

(1) 将所有人员、车辆隔离泄漏区。

(2) 使用适当的防护具。

(3) 如果可行,关闭泄漏源。

(4) 隔离泄漏容器。

(5) 若钢瓶泄漏,则通知供货商。

(6) 若是制程设备发生泄漏,关钢瓶阀,安全地排放压力,于维修前确定使用惰性气体进行管线冲吹。

环境注意事项:避免泄漏物流入下水道、水沟或其他密闭空间内。

清理方法:

(1) 清理工作需由经过培训的人员负责。

(2) 勿碰触泄漏物。

(3) 保持泄漏区通风良好。

(4) 产生的废弃物依相关的法规办理,但需先将其残留气体导入洗涤塔。

(5) 事后清洗灾区,并用大量水冲洗,废水排入废水处理场。

第 7 部分　使用与储存

储存:钢瓶应存放于通风良好、安全且避免日晒雨淋的场所,储存区温度不能超过 40 ℃,贮存区不可放置可燃物质,严禁烟火,并远离人员进出繁杂地区和紧急出口。钢瓶应直立存放并适当锁紧阀门出口盖及阀门保护盖,且瓶身应予以固定,残气、灌气瓶应分开贮放,使用先进先出系统避免贮放过期,定时记录库存量。非使用时阀门需紧闭。定期检查钢瓶有无缺陷,如破损或溢漏等。在适当处所张贴警示标志。储存处所应装设泄漏侦测与警报系统,并备有止漏及除污设备。

使用:不要拖、拉、滚、踢钢瓶,应使用适当的钢瓶专用手推车搬运钢瓶。禁止尝试利用瓶盖来起吊钢瓶。钢瓶在使用过程中必须固定。使用逆止阀避免逆流进入钢瓶。严禁烟火。不可对瓶身任何地方加热,高温可能会造成泄漏。所有管线与设备需在测漏无误后方可使用。当钢瓶连接到制程时慢慢小心地打开钢瓶阀。打开钢瓶阀若遇到任何困难,应停止操作并通知供货商。不可用工具(如扳手、改锥等)插进瓶盖两边开孔内打开瓶盖,因为如此会损坏瓶阀,造成泄漏,应使用可调式环状链式扳手来打开过紧的瓶盖。在使用灌气容器的过程中,观察残气容器卷标以分辨钢瓶使用状况。为了避免空气进入钢瓶内请勿完全用尽气体,用完请使用扭力扳手将阀出口盖锁回去。必须置备随时可用于灭火及处理泄漏的应急装备。SCBA、紧急洗眼器及安全冲淋器需准备妥当。制订意外泄漏的紧急应变计划。

第 8 部分　暴露控制/个人防护措施

工程控制:通风,提供良好的通风或局部排气设备以避免累积超过允许暴露浓度。

控制参数:(略)。

个人防护设备:

呼吸防护:在浓度未知或超过允许暴露浓度时,使用 SCBA 或正压式空气呼吸器。

眼睛防护:安全眼镜、面具。

皮肤及身体防护:处理钢瓶时使用皮手套、安全鞋及安全眼镜。当连接、拆除或打开钢瓶时需穿戴抗酸手套及防护衣。应急时,需使用全身式 A 级防护衣。

其他防护:紧急冲淋器、紧急洗眼器。

其他注意事项:手套或防护衣接触到冷的挥发液体时,人体可能会造成超低温灼伤或冻伤。低温液体会使 PPE 材质脆化造成损坏或暴露危险。

卫生措施:

(1) 工作后尽快脱掉污染的衣物，洗净后才可再穿戴或丢弃，且需告知洗衣人员污染物的危害性。

(2) 工作场所严禁抽烟或饮食。

(3) 处理此物后，必须彻底洗手。

(4) 维持作业场所的清洁。

第 9 部分 物理和化学特性(略)

第 10 部分 稳定性和反应活性

化学稳定性：稳定。

危害分解物：水解产生氯化氢。

需避免的情况：钢瓶不可暴露超过 40 ℃。

应避免的物质：水、酒精、石炭酸、氧化物、强碱。

第 11 部分 毒性学资料(略)

第 12 部分 生态影响(略)

第 13 部分 废弃处理

废弃处置方法：将钢瓶回运供货商，回运前务必确认钢瓶已关紧，阀盖及瓶盖已重新装回并锁紧。一般是以导入中和塔当作腐蚀性物质处理。

第 14 部分 运输信息

DOT 运输名称：四氯化硅。

危险级别：8。

识别编号：UN1818。

DOT 运输标签：腐蚀性。

警示牌(见图 5-3 和图 5-4)：不可燃气体。

图 5-3 警示牌

图 5-4 警示牌的作用

特殊的运输信息：运送人员接受“危险物品运送人员专业训练”。

特殊运送方法及注意事项：在通风良好的卡车上以直立固定的方式运送。不可用后行李箱运送。确认钢瓶已关紧，阀盖及瓶盖已重新装回并锁紧。

注意：压缩气体钢瓶只能由合格的压缩气体生产厂家进行重新充装。擅自运输未经压力气瓶所有厂家充装或经其书面同意充装的气瓶为违法行为。

第15部分　相关法规

1.《道路交通安全规则》

2.《危险物及有害物通识规则》

3.《高压气体劳工安全规则》

4.《中华人民共和国大气污染防治法》

5.《废弃物清理法》

6.《中华人民共和国水污染防治法》

第16部分　其他信息（略）

活动 5.3

制作某材料的安全数据表

活动目的：帮助学习者阅读材料使用说明书，列出安全注意事项，口头陈述使用该材料时存在的潜在危险，制作材料安全数据表。

活动步骤：第一步，阅读材料使用说明书，或通过上网等手段查阅与材料相关的知识。

第二步，以小组为单位组织口头陈述使用该材料时潜在的危险。

第三步，以小组为单位列出材料的安全数据表。

第四步，各小组之间进行交流。

活动建议：采用小组讨论的形式进行讨论。

思考与练习

2018年11月28日零时41分，河北省张家口市桥东区发生一起爆燃事故，造成23人死亡、22人受伤。经调查，中国化工集团河北盛华化工有限公司聚氯乙烯车间的1#氯乙烯气柜长期未按规定检修，事发前氯乙烯气柜升降部分出现卡顿，环形水封失效导致氯乙烯发生泄漏，随即压缩机入口压力降低，操作人员没有及时发现气柜卡顿，仍然按照常规操作方式加大压缩机回流，进入气柜的气量加大，加之阀门调大过快，氯乙烯冲破环形水封气柜内约2 000 m^3 氯乙烯泄漏，沿风向往厂区外扩散，遇明火发生爆燃。泄漏的氯乙烯扩散到厂区外公路上，遇明火发生爆燃，导致停放在公路两侧等待卸货的车辆司机等人员大量伤亡（图5-5）。

图 5-5 事故现场图

[思考]

1. 该起事故的直接原因是什么?

2. 针对该公司可能发生的氯乙烯泄漏事故,有哪些安全告知事项?

3. 有哪些措施可以预防该起爆燃事故?

[事故教训]

鉴于该起事故的严重性,为深刻总结事故教训,预防类似事故发生,事故调查组提出了如下措施:

1. 深入排查管控危险化学品安全风险

氯乙烯、液化天然气、液化石油气等涉及易燃易爆有毒有害的危险化学品,爆炸下限低,一旦泄漏造成事故,后果严重。各地区、各单位和有关中央企业要在完成全面摸排危险化学品安全风险的基础上,对重要装置、重点部位强化危险与可操作性分析(HAZOP),及时发现装置、设施存在的系统性风险,制定有效应对措施,保证安全运行。要进一步突出重点,深入排查氯乙烯、液化天然气、液化石油气等涉及易燃易爆有毒有害的危险化学品生产装置和储存设施的安全风险,凡是风险管控措施不完善、不到位的,要立即组织整改,整改仍然达不到要求的,要坚决停用。各地要督促有关企业和单位采取针对性措施,强化对排查出的重大风险点和重大危险源安全管控,要逐一明确安全管理责任,落实管理措施,全面提升危险化学品安全风险管控水平。

2. 严格厂区规划布局

这次事故是由于化工企业风险外溢,造成大量社会人员伤亡,教训极为深刻。河北盛华化工有限公司的氯乙烯气柜、球罐等高度危险部位和重大危险源,处于工厂靠近310省道的围墙边,气柜中易燃易爆、有毒有害氯乙烯泄漏扩散到省道上,造成为事故企业运输煤炭等待白天进厂卸煤的车辆司机和其他厂外人员大量伤亡。各地、各有关企业要对照这起事故暴露出的问题,对化工企业、危险化学品单位靠近边界的危险化学品储存场所、危险部位及重大危险源,再次认真开展全面隐患排查,风险不能达到可接受标准的,要立即采取有效措施防控风险、消除隐患，确保把化工企业、危险化学品单位风险防控化解在内部，决不扩散到社会，影响公共安全。

3. 严格化工生产过程操作

各地区、各单位和有关中央企业要督促辖区和所属化工企业全面实施、强化化工过程安全管理，制定完善装置操作规程，开展针对性培训，确保操作人员掌握生产过程中存在的安全风险和岗位技能。要加大监督检查力度，推进岗位员工操作标准化、规范化，严禁违章操作、随意调整工艺参数、严防超指标运行，及时有效处置异常工况。各有关企业要对工艺管理制度、操作规程及执行情况进行全面检查，进一步完善各类安全管理制度和操作规程。对违反安全管理规定和操作规程的，要严肃处理。

4. 严格化工企业下水管网安全管理

各有关企业要对本企业现有下水管网进行认真排查和评估，严禁物料泄漏后或事故救援过程中带有化工物料的污水排出厂外，进入市政管网；要将下水管网管理作为企业安全管理重要内容，建立完善下水管网管理制度，明确责任人员，定期对下水管网内可燃、有毒气体进行监测，保证下水管网运行安全。新建化工企业在设计时要充分考虑含有化工物料污水的收集和处置，确保实现"清污分流"。

5. 强化化工厂区外车辆停放管理

有关化工企业和危险化学品储存单位要根据本企业实际，按照相关标准，科学规划建设危险化学品及原材料运输车辆专用停车场，引导进出本企业的车辆有序停放；夜间等待装卸车的车辆要做到人车分离，远离工厂危险源。要加大危险化学品安全知识宣传教育，提高司机和押运员的安全意识，严禁在危险货物车辆附近生火取暖等危险行为。各地人民政府要组织公安、交通、应急和城市管理等部门，立即组织开展对化工企业、危险化学品单位周边夜间停放车辆的专项整治，深刻吸取事故教训，规范化工企业、危险化学品单位周边的车辆停放，防止化工企业、危险化学品单位发生事故影响周边车辆和人员安全。

6. 加强危险化学品事故应急处置

各地区、各有关部门和企业单位要高度重视做好危险化学品事故处置工作，强化应急意识，严格执行值班值守制度；配备充足的应急物资，完善应急预案，强化政企联动，加强演练。各级综合消防救援队伍和各类专业应急救援队伍要切实做好应急准备，加强危险化学品安全知识培训，遇有突发事故和重要情况，立即采取应急处置措施，迅速妥善安全开展救援，严防发生二次事故，严防事故后果扩大升级。

课堂作业二

1. 生产经营单位应向职工告知的安全生产方面的内容主要有哪些？（　　）

A. 所在职场存在的各种危险因素　　B. 安全生产职责

C. 报酬和待遇　　D. 生产作业安全须知

E. 作业中采取的安全技术措施　　F. 安全卫生防护用品的使用方法

2. 为什么安全法律法规将告知安全操作程序和正确的实施方法作为生产经

营单位的法定义务之一？（ ）

A. 让职工熟知所在职场存在的主要危害，增强防范意识

B. 让职工掌握正确的安全操作实施方法，确保不因为违规操作而导致发生安全事故

C. 发生事故时有利于推卸生产经营单位的责任

D. 发生事故时有利于追究当事人的责任

E. 有利于查处职工的违章作业行为

3. 未向职工及相关的人员告知安全操作程序和正确的实施方法会带来哪些问题？（ ）

部分参考答案 14

A. 会引起工人的不满

B. 发生事故时生产经营单位难以推脱责任

C. 会因未执行安全操作规程而导致发生事故

D. 不利于提高职工的安全素质

4. 制作材料安全数据表的目的是什么？（ ）

A. 让选用该化工产品的生产经营单位了解材料的特性

B. 让选用该化工产品的生产经营单位正确使用该材料

C. 让选用该化工产品的生产经营单位检查材料的性能是否达到要求

D. 增强使用者的安全责任意识

E. 让使用者熟悉该材料的生产工艺

5. 作为生产经营单位的职工如果没有被告知职场安全隐患和安全操作规程应该怎么办？（ ）

A. 无所谓

B. 应当拒绝作业

C. 应该提醒单位告知自己

D. 应要求单位为此加薪

E. 应自己在网上查找了解

单元内容小结

1. 通过本单元的学习，加深对生产经营单位安全生产规章制度及安全技术操作规程的认识，增强职场的遵规守纪意识，做到在职场作业时严格执行安全规章制度和安全技术操作规程。

2. 通过本单元的学习，进一步明确告知职场安全隐患、危害，安全操作程序和正确实施方法的重要作用。

3. 通过学习材料安全数据表，明确其功能、结构及使用方法。

知识测试题

1. 名词解释

(1) 安全生产规章制度

(2) 安全生产技术操作规程

(3) 安全生产责任制

(4) 材料安全数据表

2. 判断正误并说明理由

(1) 安全生产技术操作规程规定严格一点儿有利于减轻生产经营单位的安全生产责任。

(2) 生产经营单位的安全规章制度是供上级检查时使用的。

(3) 生产经营单位的安全规章制度是查处事故的依据。

(4) 安全技术操作规程应当因人而异。

(5) 安全生产方面的“告知”等同于友情提醒。

(6) 违反安全技术操作规程而导致事故,一律应由伤亡者自己承担一切责任。

(7) 安全生产方面的“告知”是生产经营单位的义务,作业人员没有向同一职场作业人员告知的义务。

(8) 熟练作业的人员应当适当减少一些相应的安全措施。

(9) 材料安全数据表对作业人员没有作用。

(10) 职场的作业人员才应当遵守职场安全生产规章制度,其他人员可以例外。

3. 写出一份你收集到的、你认为较好的安全技术操作规程。

4. 列举五种不遵守安全操作规程的行为,并进行分析。

5. 谈谈你学习本单元的收获和建议。

案例分析

[**案例 5-1**]

2018 年 12 月 15 日,重庆能投集团渝新能源公司逢春煤矿发生一起副斜井提升矸石的箕斗“跑车”运输事故,造成 7 人死亡、1 人重伤、2 人轻伤。

逢春煤矿为国有重点煤矿,隶属于重庆能源投资集团有限公司下属的渝新能源有限公司,1986 年 10 月投产,生产能力 90 万吨/年,开采急倾斜煤层,采用平硐+斜井开拓方式,目前井下有+523 m、+230 m 两个开采水平,共 11 个掘进工作面和4个采煤工作面。副斜井矸石提升系统上段为地面井口(+670米)至井下+300 m,事故发生前已投入使用;副斜井下段为+300米至+230米,事故前矸石提升系统尚未投入使用,正在施工+272米矸石仓;副斜井平均坡度为24°,全长约1 080米。

2018年6月,为提高副斜井运输矸石能力,该矿决定更换副斜井提升箕斗,箕斗容量由4 m^3更换为6 m^3。新更换的箕斗型号为JX-6,生产厂家为徐州博信矿山设备制造有限公司(以下简称博信公司),安全标志有效期为2013年6月6日至2018年6月6日。2018年6月27日,在JX-6安全标志到期失效的情况下,博信公司和重庆市能源投资集团物资有限责任公司(以下简称重庆能投物资公司)仍签订了购售合同,并于9月16日交付逢春煤矿;11月6日至10日,逢春煤矿对副斜井新安装JX-6型箕斗进行安装调试;11月11日新系统开始运行使用。

事故地点为副斜井下段+272 m矸石仓下口附近。从12月2日开始,该矿安排综采三队在副斜井+272 m矸石仓下口浇筑施工,制定了《副斜井矸石仓下口浇筑技术安全组织措施》。12月15日事故当班,井下带班矿领导为机电副总工程师胡某,综采三队跟班副队长罗某(已在事故中遇难)安排8名作业人员在副斜井+272米矸石仓下口施工"横梁眼";17时45分左右,运输队跟班副队长李某(已在事故中遇难)跟班巡查运输系统到达此处。18时01分,副斜井箕斗在+300 m矸石仓装矸后,沿斜井向上提升145 m后,箕斗牵引架右侧连接杆发生断裂,重载的箕斗与牵引钢丝绳脱离,失控的箕斗沿轨道高速下冲,撞向+272 m矸石仓下口还在施工的作业人员。

[原因分析]

1. 事故的直接原因

副斜井箕斗拉杆的质量和加工存在缺陷,箕斗提升运行过程中承受冲击载荷等共同作用,导致拉杆疲劳损伤,并快速扩展断裂;箕斗失控、下冲,造成正在下方作业的人员伤亡。

2. 事故的间接原因

一是煤矿违规指挥,违规作业。逢春煤矿违反《煤矿安全规程》第三百八十八条关于"倾斜井巷使用提升机或者绞车提升时严禁蹬钩、行人"的规定,无视风险,无视规程,在副斜井箕斗提升期间违规组织人员在下段区域作业。该矿制定的《副斜井矸石仓下口浇筑技术安全组织措施》规定:"矸石仓下口施工作业前,必须由施工队跟班队长向矿调度室汇报,由矿调度室命令运输队停止副斜井提升作业后,方可组织矸石仓下口作业"。经调查,+272 m矸石仓下口从施工开始至事故发生13天之内,未发现施工队向矿调度室报告,并要求停止副斜井提升作业的相关记录。实际上该矿安排大量人员在副斜井下段(+272 m至+230 m)施工作业的同时,副斜井上段(+670 m至+300 m)提升运输工作没有停止。

二是博信公司箕斗质量和加工存在问题。事故调查组经现场勘查,并委托专业检测机构对断裂的箕斗拉杆进行了技术鉴定，证明箕斗连接装置拉杆的质量和加工存在缺陷，箕斗仅使用35天就出现拉杆断裂。三是购买和销售安全标志失效的产品。博信公司和重庆能投物资公司在JX-6型箕斗安全标志失效的情况下仍然违规签订箕斗购售合同，并生产、交货、安装和使用。博信公司、重庆能投物资公司和逢春煤矿违反了《安全生产法》第三十四条和《煤矿安全规程》第十条关于煤矿设备安全标志方面的相关规定。

[问题]

1. 上述事故对你有哪些启示？

2. 讨论遵守安全操作规程的重要性？

3. 在生产中如何才能做到严格遵守安全操作规程？

[案例5-2]

2018年7月12日18时42分左右，四川省宜宾市江安县阳春工业园区内宜宾恒达科技有限公司发生一起爆燃事故。事故造成19人死亡，12人受伤（图5-6）。

[原因分析]

该公司为工业园区引进的企业，2017年未批先建，从2018年3月起，恒达公司三车间开始生产咪草烟的中间体PDE，6月起在二车间开始试生产咪草烟和三氮唑，尝试打通生产工艺，摸索工艺参数。截至事故发生时，恒达公司已获得了100余万元的利润。

恒达公司二车间、三车间虽然安装了反应釜、离心机等生产设备设施，安全设施却基本未安装，且没有制定试生产方案，一旦发生紧急情况没有基本的应急能力。与此同时，其一车间还在边生产边建设。

更严重的是，该企业实际生产产品与设计完全不符。发生事故的二车间最初拟设计9台5 000 L釜及1台3 000 L釜等10台设备，并生产5-硝基间苯二甲酸，实际共设置了3台5 000 L釜、7台3 000 L釜和8台2 000 L釜等18台设备（三车间也存在类似情况），试生产的产品也不是恒达公司原申请的产品，而是咪草烟和三氮唑，精制车间还在开展邻乙基对硝基苯胺的中试。

图5-6 事故现场图

该企业无论是原设计生产的5-硝基间苯二甲酸、2-(3-氯磺酰基-4-氯苯甲酰)苯甲酸等两种产品，还是实际生产的咪草烟和三氮唑，其生产过程均涉及多种重点监管危化品和重点监管工艺，如硝化、氧化、重氮化、水合肼、过氧化氢、甲醇等，但其自动化控制系统、可燃和有毒气体报警系统及消防水系统等安全设施均未安装就开始试生产，一旦出现险情，企业自身根本不具备应急处置能力。自动化控制系统缺失还导致每个班均有10余人在反应釜周边人工操作，是此次事故造成重大人员伤亡的重要原因。

恒达公司的员工都不是“内行”人。该企业实际控制人原来从事机械加工业，无化工学历和从业经验，却负责该危化品建设项目筹建并给企业承揽代加工生产合同，对化工生产的风险没有任何认知，安全意识、法律意识淡薄，也不懂管理。技术负责人仅掌握5-硝基间苯二甲酸等两种产品技术，也不具备安全、生产等专业管理能力。车间副主任罗某只有小学三年级文化水平，2018年2月入职，6月被提拔为车间副主任，化学元素符号都认不全。此次事故中死亡的19人中有16人是恒达公司操作工，从伤亡人员名单看，绝大部分都是当地农民。他们缺乏化工安全生产基本常识，对本岗位生产过程中存在的安全风险不掌握，更不符合国家应急管理部门对涉及“两重点一重大”装置的操作人员、危险化学品特种作业人员必须具有高中以上文化程度的要求。

该事故发生后，国家应急管理部组织召开了事故现场会。会议总结事故原因主要有以下两方面：

1. 企业严重违法违规

恒达公司存在未批先建、违法违规生产、实际生产产品与设计不符等问题。

早在2017年7月就因未批先建，被宜宾市安监局要求立即停工补办危化品建设项目“三同时”手续。（“三同时”制度是指一切新建、改建和扩建的基本建设项目、技术改造项目、自然开发项目，以及可能对环境造成污染和破坏的其他工程建设项目，其中防治污染和其他公害的设施和其他环境保护设施，必须与主体工程同时设计、同时施工、同时投产使用的制度。）

2017年12月恒达公司补办了宜宾市安监局发给的安全审查意见书。

2018年3月15日，安全设施设计审查未通过，在办理有关许可手续的同时，拒不执行停止建设命令，至事故发生前。

2018年5月初，生产车间基本建成，投入“调试生产”至爆炸事故发生，而此过程恒达公司尚未通过安全设施设计评价批复和消防验收。

2. 监管部门监管不力

该起事故除了暴露出企业违规生产之外，还暴露出当地政府监管不力、安全发展理念不牢等问题。当地基层政府从招商引资到落实安全生产部署等方面，都存在一定问题。地方政府安全红线意识和安全发展理念不牢，对党中央、国务院关于安全生产的决策部署和安全生产法律法规贯彻落实不到位，片面追求GDP增长，盲目引进化工项目，未考虑沿长江经济带产业限制政策要求。

[问题思考]

该事故在安全告知方面存在哪些问题，对你有什么启示？

[案例5-3]

2017年6月5日凌晨1时左右，临沂市金誉石化有限公司储运部装卸区的一辆液化石油气运输罐车在卸车作业过程中发生液化气泄漏，引起重大爆炸着火事故，造成10人死亡，9人受伤，直接经济损失4 468万元。经计算，本次事故释放的爆炸总能量为31.29吨TNT当量，产生的破坏当量为8.4吨TNT当量（最大一次爆炸）（图5-7）。

图5-7　爆炸事故现场图

2017年6月5日0时58分，临沂金誉物流有限公司驾驶员唐某驾驶豫J90700液化气运输罐车经过长途奔波、连续作业后，驾车驶入临沂金誉石化有限公司并停在10号卸车位准备卸车。

唐某下车后先后将10号装卸臂气相、液相快接管口与车辆卸车口连接，并打开气相阀门对罐体进行加压，车辆罐体压力从0.6 MPa上升至0.8 MPa以上。0时59分10秒，唐某打开罐体液相阀门一半时，液相连接管口突然脱开，大量液化气喷出并急剧气化扩散。正在值班的临沂金誉石化有限公司韩某等现场作业人员未能有效处置，致使液化气泄漏长达2分10秒，很快与空气形成爆炸性混合气体，遇到点火源发生爆炸，造成事故车及其他车辆罐体相继爆炸，罐体残骸、飞火等飞溅物接连导致1 000 m^3液化气球罐区、异辛烷罐区、废弃槽罐车、厂内管廊、控制室、值班室、化验室等区域先后起火燃烧。现场10名人员撤离不及当场遇难，9名人员受伤。

事故发生后，企业员工立即拨打“119”“120”报警，迅速开展自救互救，疏散撤离厂区人员，紧急关闭装卸物料的储罐阀门、切断气源等。临沂市委、市政府和临港经济开发区管委会主要领导接到事故报告后，立即启动重大事故应急预案，赶赴事故现场，成立了事故救援指挥部，下设现场救援、后勤保障、安抚救治、事故调查、新闻发布五个工作组，迅速协调组织专业救援队伍、技术专家和救援设备等各方面力量科学施救、稳妥处置，全力做好冷却灭火、人员疏散与搜救、伤员救治、处置保障、道路管控、环境监测、舆情导控等处置工作。山东省公安厅、消防总队、安监局等有关部门负责人连夜赶赴事故现场，调集救援力量，研究防范措施，指导救援工作。山东省消防总队共调集了 8 个消防支队，组成 13 个石油化工编组和 23 个灭火冷却供水编队，动用 189 辆消防车、7 套远程供水系统、76 门移动遥控炮、244 吨泡沫液、958 名官兵到场处置，经过 15 个小时的救援，罐区明火被扑灭，未造成任何次生灾害事故发生。

［原因分析］

一、直接原因

肇事罐车驾驶员长途奔波、连续作业，在午夜进行液化气卸车作业时，没有严格执行卸车规程，出现严重操作失误，致使快接接口与罐车液相卸料管未能可靠连接，在开启罐车液相球阀瞬间发生脱离，造成罐体内液化气大量泄漏。现场人员未能有效处置，泄漏后的液化气急剧气化，迅速扩散，与空气形成爆炸性混合气体达到爆炸极限，遇点火源发生爆炸燃烧。液化气泄漏区域的持续燃烧，先后导致泄漏车辆罐体、装卸区内停放的其他运输车辆罐体发生爆炸。爆炸使车体、罐体分解，罐体残骸等飞溅物击中周边设施、物料管廊、液化气球罐、异辛烷储罐等，致使 2 个液化气球罐发生泄漏燃烧，2 个异辛烷储罐发生燃烧爆炸。

据调查事故车辆行驶的 GPS 记录，肇事罐车驾驶员唐某驾驶豫 J90700 车辆，从 6 月 3 日 17 时到 6 月 4 日 23 时 37 分，近 32 小时只休息 4 小时，其间等候装卸车 2 小时 50 分钟，其余 24 小时均在驾车行驶和装卸车作业。押运员陈某没有驾驶证，行驶过程都是唐某在驾驶车辆。6 月 5 日凌晨 0 时 57 分，车辆抵达临沂金誉石化有限公司后，唐某安排陈某回家休息，自己实施卸车作业。在极度疲惫状态下，操作出现严重失误，装卸臂快接口两个定位锁止扳把没有闭合，致使快接接口与罐车液相卸料管未能可靠连接。

据分析，引发第一次爆炸可能的点火源是临沂金誉石化有限公司生产值班室内在用的非防爆电器产生的电火花。

二、间接原因

1. 临沂金誉物流有限公司未落实安全生产主体责任

（1）超许可违规经营。违规将河南省清丰县安兴货物运输有限公司所属 40 辆危化品运输罐车纳入日常管理，成为实际控制单位，安全生产实际管理职责严重缺失。

（2）日常安全管理混乱。该公司安全检查和隐患排查治理不彻底、不深入，安全教育培训流于形式，从业人员安全意识差，该公司所属驾驶员唐某（肇事罐车驾驶员）装卸操作技能差，实际管理的河南牌照道路运输车辆违规使用未经批准的停车场。

（3）疲劳驾驶失管失察。对实际管理的河南牌照道路运输车辆未进行动态监控，对所属驾驶员唐某驾驶该公司实际管理的豫 J90700 车辆的疲劳驾驶行为未能及时发现和纠正，导致所属驾驶员唐某在长期奔波、连续作业且未得到充分休息的情况下，卸车出现严重操作失误。

（4）事故应急管理不到位。未按规定制定有针对性的应急处置预案，未定期组织从业人员开展应急救援演练，对驾驶员应急处置教育培训不到位。致使该公司所属驾驶员唐某出现泄漏险情时未采取正确的应急处置措施，直接导致事故发生并造成本人死亡；致使该公司管理的其余 3 名驾驶员在事故现场应急处置能力缺失、出现泄漏险情时未正确处置及时撤离，造成该 3

名驾驶员全部死亡。

（5）装卸环节安全管理缺失。对装卸安全管理重视程度不够，装卸安全教育培训不到位，未依法配备道路危险货物运输装卸管理人员，肇事豫 J90700 罐车卸载过程中无装卸管理人员现场指挥或监控。

2. 临沂金誉石化有限公司未落实安全生产主体责任

（1）安全生产风险分级管控和隐患排查治理主体责任不落实。企业安全生产意识淡薄，对安全生产工作不重视。未依法落实安全生产物质资金、安全管理、应急救援等保障责任，安全生产责任落实流于形式；未认真落实安全生产风险分级管控和隐患排查治理工作，对企业存在的安全风险特别是卸车区叠加风险辨识、评估不全面，风险管控措施不落实；从业人员素质低，化工专业技能不足，安全管理水平低，安全管理能力不能适应高危行业需要。

（2）特种设备安全管理混乱。企业未依法取得移动式压力容器充装资质和工业产品生产许可资质违法违规生产经营。储运区压力容器、压力管道等特种设备管理和操作人员不具备相应资格和能力，32 人中仅有 3 人取得特种设备作业人员资格证，不能满足正常操作需要；事发当班操作工韩某未取得相关资质无证上岗，不具备相应特种设备安全技术知识和操作技能，未能及时发现和纠正司机的误操作行为。特种设备充装质量保证体系不健全，特种设备维护保养、检验检测不及时；未严格执行安全技术操作规程，卸载前未停车静置 10 分钟，对快装接口与罐车液相卸料管连接可靠性检查不到位，对流体装卸臂快装接口定位锁止部件经常性损坏更换维护不及时。

（3）危化品装卸管理不到位。连续 24 小时组织作业，10 余辆罐车同时进入装卸现场，超负荷进行装卸作业，装卸区安全风险偏高，且未采取有效的管控措施；液化气装卸操作规程不完善，液化气卸载过程中没有具备资格的装卸管理人员现场指挥或监控。

（4）工程项目违法建设。该公司一期 8 万吨/年液化气深加工建设项目、二期 20 万吨/年液化气深加工建设项目和三期 4 万吨/年废酸回收建设项目在未取得规划许可、消防设计审核、环境影响评价审批、建筑工程施工许可等必需的项目审批手续之前，擅自开工建设并使用非法施工队伍，未批先建，逃避行政监管。

（5）事故应急管理不到位。未依法建立专门应急救援组织，应急装备、器材和物资配备不足，预案编制不规范，针对性和实用性差，未根据装卸区风险特点开展应急演练，应急教育培训不到位，实战处置能力不高。出现泄漏险情时，现场人员未能及时关闭泄漏罐车紧急切断阀和球阀，未及时组织人员撤离，致使泄漏持续超过 2 分钟直至遇到点火源发生爆燃，造成重大人员伤亡。

3. 河南省清丰县安兴货物运输有限公司未落实安全生产主体责任

（1）对所属车辆处于脱管状态。对长期在临沂运营的危化品运输罐车管理缺位，仅履行资质资格手续办理和名义上管理职责，欺瞒监管。

（2）未履行异地经营报备职责。所属车辆运输线路以临沂临港经济开发区为起讫点累计 5 年以上，未按照道路危险货物运输管理相关规定向经营地临沂市交通运输主管部门进行报备并接受其监管。

（3）车辆动态监控不到位。未按规定对危化品运输罐车进行动态监控，未按规定使用具有行驶记录功能的卫星定位装置，未及时发现豫J90700罐车驾驶员疲劳驾驶行为并予以制止。

（4）移动式压力容器管理不到位。对公司所属40辆危化品罐车，未按规定配备移动式压力容器安全管理人员和操作人员。

4. 中介技术服务机构未依法履行设计、监理、评价等技术管理服务责任

（1）设计单位责任。山东大齐石油化工设计有限公司，作为临沂金誉石化有限公司一期8万吨/年液化气深加工建设项目设计单位，未严格按照石油化工控制室房屋建筑结构设计相关规范对控制室进行设计，建设单位聘用的非法施工队伍又未严格按照设计进行施工，导致控制室墙体在爆炸事故中倒塌，造成控制室内一名员工死亡。

（2）工程监理单位责任。临沂市华厦城市建设监理有限责任公司，作为临沂金誉石化有限公司一期8万吨/年液化气深加工建设项目（除设备安装工程外）工程监理单位，未依法履行建筑工程监理职责，未发现建设单位临沂金誉石化有限公司和非法施工队伍冒用日照市岚山童海建筑工程有限公司房屋建筑工程施工资质进行施工作业，未发现控制室墙体材料施工时违反设计要求，导致控制室墙体在爆炸事故中倒塌，造成控制室内一名员工死亡。

（3）安全评价单位责任。济南华源安全评价有限公司，作为临沂金誉石化有限公司二期20万吨/年液化气深加工建设项目安全设施竣工验收评价单位，出具的评价报告风险分析前后矛盾，评价结论严重失实，厂内各功能区之间风险交织，未提出有效的防控措施，且事故发生造成重大人员伤亡和财产损失。山东瑞康安全评价有限公司，作为临沂金誉石化有限公司一期8万吨/年液化气深加工建设项目安全设施竣工验收评价单位，出具的安全评价报告中的评价结论失实，且事故发生造成重大人员伤亡和财产损失。

［问题思考］

1. 该事故发生过程中，有哪些违反安全操作规程的行为？

2. 公司应当怎样告知相关人员安全操作规程和处置措施？

单元技能测试记录表

<table>
<tr><td>鉴定内容</td><td>制作材料安全数据表</td><td>鉴定方法</td><td>实作</td><td>鉴定人签字</td><td colspan="2"></td></tr>
<tr><td colspan="2" rowspan="2">关键技能</td><td colspan="3" rowspan="2">操作程序</td><td colspan="2">鉴定结果</td></tr>
<tr><td>通过</td><td>未通过</td></tr>
<tr><td colspan="2">1. 查找使用指定化学材料存在的危险</td><td colspan="3">阅读材料使用说明书，查找并罗列出使用该材料潜在的危险</td><td></td><td></td></tr>
<tr><td colspan="2">2. 编制材料安全数据表</td><td colspan="3">确定安全数据表的主要内容
设计安全数据表
陈述自己设计的安全数据表</td><td></td><td></td></tr>
<tr><td colspan="7">鉴定者评语：</td></tr>
<tr><td>鉴定成绩</td><td></td><td>鉴定时间</td><td></td><td>被鉴定人签字</td><td colspan="2"></td></tr>
</table>

单元课程评价表

姓名:________________ 日期:________________

当你完成了本单元的学习,我们希望你能对下面的项目提出你的建议。

请在相应的栏目内打钩	非常同意	同意	没有意见	不同意	非常不同意
1. 这个单元使我对安全规章制度有了很好的认识					
2. 这个单元帮助我理解了安全技术操作规程的含义及其重要性					
3. 我学习之后进一步了解了告知安全操作规程和正确实施方法的重要性					
4. 我现在对尝试学习下一单元更有自信了					
5. 我掌握了本单元要求的基本技能					
6. 该单元的内容和活动对我很有帮助					
7. 教师待人友善、愿意帮忙					
8. 该单元的教学让我做好了参加鉴定的准备					
9. 该单元的教学方法对我的学习起到了帮助作用					
10. 该单元提供的信息量正好					
11. 评估与鉴定公平、适当					

你对将来改善本单元的教学有什么建议?

____

____

能力单元六　掌握基本的急救知识

单 元 概 述

一、单元能力标准

能力要素	实作标准	知识要求
基本的急救和心肺复苏程序	1. 正确实施急救治疗 2. 根据职场健康和安全法律、国家法律与企业操作程序/政策，准确报告/记录急救治疗	1. 基本的急救操作规程 2. 心肺复苏操作规程

二、单元学习目标

帮助学习者正确实施临时的急救治疗方法，能根据国家职场健康和安全法律与企业操作程序/政策，准确报告/记录急救治疗方案。

三、单元内容描述

介绍怎样正确实施临时急救，怎样正确填写急救的记录、报告并设计急救方案。

四、学习本单元的先决条件

学习者需要具备一定的听、说、读、写能力；具有一定的判断思维能力；能按照教师制定的活动程序完成“任务”。

五、单元工作场所的安全要求

保持工作场所的清洁、整齐。

六、单元学习资源

学习参考资料	设备与设施
1.《中华人民共和国劳动法》 2.《中国职业安全健康管理体系内审员培训教程》 3.《职业安全与健康管理体系规范》 4.《中华人民共和国安全生产法》 5.《职业安全与健康》([英]杰里米·斯坦克斯著) 6.《急救手册》 7.《现场心肺复苏和自动体外心脏除颤技术规范》T/CADERM 1001—2018	1. 人体模型 2. 急救箱

七、单元学习方法建议

邀请急救专业人员到学校进行案例讲授并进行现场演示，可采用角色扮演、小组讨论、现场模拟等教学法，教师在课堂上的讲授时间原则上控制在教学时间的1/3以内，充分利用学生之间的互相学习，完成教学目标。单元学习结束时，必须进行能力鉴定与测试，同时用统一的问卷收集信息反馈，分析教学情况并作出及时的调整。

任务一 正确实施急救治疗

走进课堂

发生交通事故后，50%左右的严重创伤伤员若能在伤后30分钟内得到及时的救治，可以大大地减少伤残率和死亡率。在突然发生的交通事故现场采取快速的急救措施是最有效的。

思考与提示

1. 发生车祸后你该怎么办？
2. 如何进行车祸的现场处理？

问题分析

1. 首先拨打“120”急救电话，告诉急救人员事故发生的地点，有多少伤者，主要是些什么伤，以供“120”急救人员带相应的急救设备及药品前往现场急救。

2. 初步检查伤者，危重伤者戴上红色的标志，中度伤者戴上黄色的标志，轻伤者戴上绿色的标志，死者戴上黑色的标志。

3. 急救时先救红色标志的危重伤者，再救黄色标志的中度伤者，最后救绿色标志的轻伤者。注意保持急救中神智不轻的伤者气道畅通，头偏向一侧，避免呼吸道的阻塞，让呼吸困难的伤者保持半卧位或坐位，减轻呼吸困难的症状。面色苍白者最好用头低脚高位，增加脑部供血。出血的伤者立即止血、包扎伤口，有骨折时立即用夹板和宽布带，利用躯干、健肢固定骨折部位。

4. 如果救护车一时不能到达事故现场，可按红色、黄色、绿色的顺序将初步急救后的伤者尽快送医院做进一步的抢救。转送途中要密切观察伤者的神志、呼吸、脉搏、伤情的变化，必要时立即停车抢救后再安全转送。

一、急救的重要性

急救现场最重要的目的是救人性命，例如复活、止血、中毒治疗。在紧急情况下，实施急救的人必须知道怎样快速地行动。

二、急救的三个重要的原则

（一）切断伤害源

事故发生后，首先要迅速、果断地切断伤害源，中止其对人体的继续损害。例如，电击伤时，切断电源（关闭电闸、切断电路、挑开电线），使伤者安全地脱离电源。

（二）判断伤情，辨明主次

1. 生命体征的检查

主要是对意识、呼吸、心跳、血压、瞳孔等指征的检查。

2. 局部伤情检查

主要查看受伤部位和程度、有无活动性出血和骨折等指征。

（三）实施急救

尤其是对有生命危险者、心跳呼吸停止者、出血危及生命的病例，应争分夺秒地现场急救，以挽救其生命。

三、“120”医疗急救电话在现场急救中的作用

世界各国都有自己的急救电话，如美国的“911”、日本的“119”。“120”是全中国统一使用的医疗急救电话，也就是说你在中国内地所有的城市和地区只要拨通“120”就能够得到相应的医疗救助。

四、使用“120”急救电话的方法

（1）当你自己生病或要帮助受伤、生病的人，首先拨打“120”电话。

（2）当你听到“这里是120医疗急救电话”的提示语音后，表示“120”求救电话已接通。当医务人员说“您好，请讲”时迅速说明以下内容：

① 病人或伤者的姓名、性别、年龄。

② 病人所在的地址。

③ 病人的主要症状，如头痛、心慌、呼吸困难、受伤部位、骨折等或灾难事故的性质，如车祸、溺水、食物中毒、一氧化碳中毒、多少伤病者、有无死亡等。

④ 如知道从前的病史，如糖尿病、高血压、冠心病、肝硬化等更好，告诉医生有利于诊断和带相应的急救设备。

⑤ 告诉急救人员接车地点，便于救护车尽快找到病人。

五、普及群众救护知识与现场急救效果的关系

很多灾难事故及患者发病现场的第一目击者并非医务人员，而是群众，当医务人员和救护车未赶到现场前，群众的自救互救对减轻疼痛、减少伤残率和死亡率有很大的作用。因此，在群众中进行急救知识培训是非常重要的。内容主要包括现场徒手心肺复苏，创伤急救的止血、包扎、固定、搬运技术及常见疾病的现场处理等。

六、外伤救护的四项基本技术

外伤救护的四项基本技术包括止血、包扎、固定和搬运。

（一）止血

人体的血液总量约占体重的8%，创伤后快速失血量达到1/4（成人为800～1 000 mL）时病人就会出现休克。

1. 出血的种类

（1）动脉出血。

颜色鲜红，压力大，流速快，呈喷射状，危险性大。

（2）静脉出血。

颜色暗红,缓缓流出,流速慢,呈滴血或涌出状,危险性相对小一些。

(3) 毛细血管出血。

颜色鲜红,呈渗出状,危险性小。

2. 外伤性出血的判断

一个成人如果急性失血超过人体总重量的20%,就可危及生命。

3. 止血方法

(1) 手指压迫止血法。

压迫位置在伤口上方即近心端找到搏动的动脉血管,用手指或手掌把血管压迫在附近的骨头上,使血管变扁,血流受阻,即可止血。适宜于四肢、头面部的止血。

① 头顶部出血:用拇指将伤侧颞动脉压在下颌关节上,如压迫一侧不行,同时再压迫另一侧。

② 面部出血:用拇指压迫颌动脉于下颌角附近的凹陷内。

③ 头颈部出血:用拇指压迫一侧颈动脉,切记不能同时压迫两侧颈动脉,以免头部血供中断。

④ 肩及上臂出血:用拇指压迫同侧锁骨下动脉。

⑤ 前臂及手掌出血:用拇指压迫同侧肱动脉。

⑥ 下肢出血,两拇指重叠压迫同侧的股动脉。

(2) 加压包扎止血法。

这是一种直接压迫止血的方法,在伤口上没有异物、骨碎片时,先将干净的敷料放在伤口上,再用绷带卷、三角巾或宽布带做加压包扎至伤口不出血为止,适用于静脉或中小动脉出血。松紧要适度,止住出血即可。

(3) 止血带止血法。

经指压止血、加压包扎止血无效时,可采用止血带有效地控制出血。止血带可选用橡皮带或橡皮管,也可用绷带或较宽的布条,以绞棒绞紧做止血带用,但禁用细绳和电线等物。上止血带部位以靠近伤口最近端为宜,减少缺血范围。在上臂应避免绑在中间1/3处,以免损伤桡神经。在膝和肘关节以下缚止血带无止血作用。止血带下加垫1~2层布,以保护皮肤。要松紧合适,以动脉刚好不出血即可,上止血带的肢体应妥善固定,注意保暖。

使用止血带后,应做出明显的标志,记录时间,每隔40~50分钟放松一次,每次放松2~3分钟,同时用手压住已包扎的伤口,避免伤口再出血。如果使用止血带时间过长,可能造成肢体远端缺血、缺氧、组织变性、坏死。如有气性止血带(血压计袖带)最好,因其压迫面积大,组织损伤小,方便。

（4）加垫屈肢止血。

适用于膝或肘关节以下部位出血，而无骨、关节损伤时。先用一个厚棉垫或纱布卷塞在腘窝或肘窝处，屈膝或肘，再用三角巾、绷带或宽皮带进行屈肢加压包扎。

急救止血之后，必须争取时间尽早送医院彻底止血。若止血带使用不当，可造成肢体组织缺血、坏死，甚至丧失肢体。

（二）包扎

包扎是最常见的外科治疗手段，它可起到保护创面、止血、止痛、减少污染的作用，适用于全身各个部位。

1. 包扎的目的

保护伤口、压迫止血、防止污染、减轻肿胀、制动受伤骨或关节，有利于伤口愈合。

2. 常用材料

绷带、三角巾等，也可用干净的毛巾、手绢、领带、被单等物。

3. 包扎前的处理

（1）首先抢救生命，优先解决危及生命的损伤，重视显露伤，同时注意寻找隐蔽的损伤。

（2）充分暴露伤口，必要时可剪开衣裤，应注意避免因脱衣等加重损伤。

（3）对穿出伤口的骨折端，不要自行将脱出或离位组织恢复到原位，以免损伤附近的血管、神经、肌肉，将污染带入深部组织，导致感染或继发性骨髓炎。

（4）损伤较大的创口，现场做简单的清洁处理，然后迅速送医院彻底清创。

（5）较深的伤口或虫、犬等咬伤，可用过氧化氢冲洗伤口后包扎。

4. 包扎方法

（1）绷带卷包扎。

可采用环形（适用于小伤口）、螺旋形（适用于创面大的伤口）、横“8”字形（适用于锁骨骨折）等包扎方法。

（2）三角巾或宽布带包扎。

依受伤部位可直接包扎，也可折叠成带状包扎，应注意角要拉紧，边要固定，先放敷料，敷料大小要超过伤口 5~10 cm。打结时要避开伤口。适用于身体各部位包扎，尤其常用于肢体、躯干等处。方法需根据受伤部位选择环形、螺旋形、蛇形、横“8”字形包扎法等，随各受伤部位不同而包扎方法各异。

5. 各部位伤的包扎

（1）头颈部创伤。

头颈部创伤是各种事故现场常见的急诊，常以软组织、血管、骨折等合并伤出现，应迅速进行现场治疗。

开放性的颅脑损伤，要迅速进行止血、包扎。脑组织膨出者，可在现场用较厚的消毒敷料做成圈，以保护脑组织，然后再盖上敷料进行包扎，同时要严密观察神志、瞳孔、呼吸的变化，如图 6-1 所示。

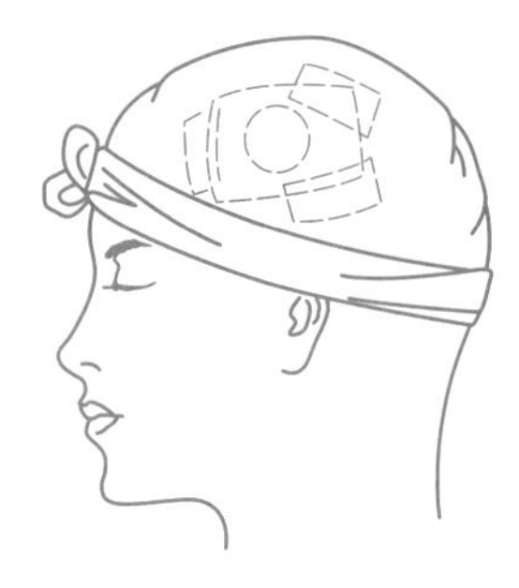

图 6-1　头顶部创伤的包扎

颈部受伤的包扎，可将健侧的手放在头顶上，上臂做支架，或以健侧腋下做支架，再以绷带卷或三角巾进行包扎，切不可绕颈做加压包扎，以免压迫气管和对侧颈动脉。

(2) 胸腹部创伤。

常见的胸腹部创伤有血气胸、肋骨骨折、腹腔脏器脱出等。

① 血气胸：胸部受伤后，伤者逐渐出现呼吸困难、不能平卧、面唇发绀，体检发现气管移位、患侧呼吸音低、叩诊呈高清音时，立即在患者第 2 肋间隙下肋骨上缘锁骨中线处骨做胸腔穿刺抽气。

如有伤口，发现有气体溢出，立即用油纱或厚敷料在伤者呼气末时压住伤口，再做加压包扎。

如有胸腔下部明显叩浊音、呼吸音降低，可先在伤侧腋中线第 6、7 肋间做胸腔穿刺，如有血性液体抽出，立即在该处安放闭式引流。

② 肋骨骨折：一般的肋骨骨折，以受伤的局部疼痛为主要表现。以 4~5 cm 宽的胶布在伤者呼气末自下而上、由后向前呈叠瓦状将骨折的肋骨及上下邻近的两根肋骨粘贴固定，每条胶布前后端都要超过正中线 5 cm，如图 6-2 所示。

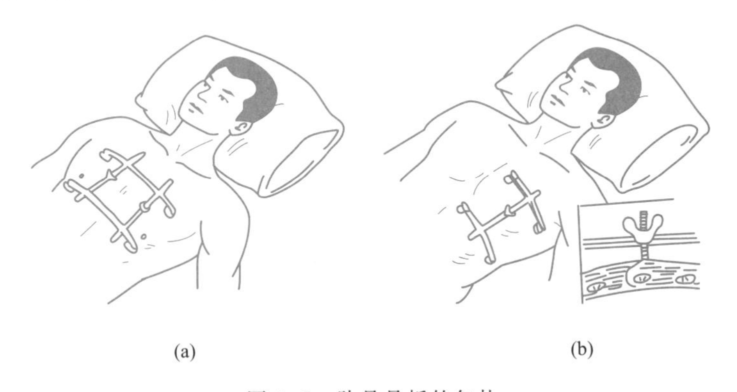

(a)　　(b)

图 6-2　肋骨骨折的包扎

多处肋骨骨折因破坏了胸廓的稳定性出现反常呼吸，即所谓的“连枷胸”，如不及时纠正可出现呼吸衰竭。现场急救时，鼓励患者咳嗽、咳痰，必要时做气管切开，以有利于分泌物排出，也可用外压法、外固定法，恢复胸廓的稳定性。具体方法如下：用患者的手心压紧浮动胸壁部位，或用沙袋置于受伤的胸壁包扎固定。如为侧卧位，患侧在下，亦可暂时控制反常呼吸。

③ 腹腔脏器脱出:腹腔开放性损伤致腹腔脏器如小肠、大网膜脱出等。如现场无手术条件,急救时伤者平卧、双膝屈曲,先用无菌巾将脱出的脏器覆盖住,再用大小相宜的容器将脏器盖住,注意边缘切不可压住脏器以免缺血坏死。如现场无适宜容器,可用厚敷料做成有一定硬度的保护圈围住内脏,再用三角巾或宽胶布做加压包扎,切不可将脱出脏器在现场送回腹腔。如大量脏器脱出,为了防止休克,方可送回腹腔。

6. 包扎的基本原则及注意事项

(1) 基本原则。

一般应自远心端向躯干包扎,卷带必须平整,用力应适中,不可太松,以免脱落,亦不宜过紧,以免妨碍血液循环。指趾端最好露出,以便观察血液循环情况。开始包扎和包扎终了时一般均做两周环形绑扎,连续绑扎时,每一周绷带应遮过前一周的1/3或1/2。包扎完毕可用胶布、别针或将绷带打结予以固定,但应避开伤口、骨隆突处及伤者坐卧时受压部位。包扎时动作要轻柔、迅速、准确,减少伤者的痛苦。尽量用无菌敷料接触伤口,不要乱用外用药及随便拔出伤口内的异物(包括碎骨片)。

(2) 注意事项。

① 充分暴露伤口。

② 伤口上加盖干净的敷料,较深的伤口要填塞。

③ 不要还纳腹腔脏器,不能拔出异物。

④ 松紧要适当,结不要打在伤口上。

(三) 固定

骨折是创伤中最常见的损伤,它的发生常伴有血管的损伤,主要表现为局部疼痛、肿胀、畸形、受累部位的功能障碍。骨折的急救原则是:有休克时,先纠正休克后固定;开放性骨折,先包扎止血再固定。

1. 骨折的判断

闭合性骨折可根据以下症状和体征来判断:

(1) 按摩受伤部位疼痛加重,部分可触到骨折线,伤肢不能活动。

(2) 畸形骨折段移位后,肢体变形,或伤肢比健肢短。

(3) 人体没有关节的部位,骨折后出现假关节活动。

(4) 可以听到骨擦感或听到骨擦音。

2. 固定方法及注意事项

固定方法是用木板附于患肢两侧。在木板和肢体之间垫上棉花或毛巾等松软物品,然后再用带子固定好。松紧要适度,结上下移动小于1 cm。木板要超过骨折部位上下两个关节,再做固定,先固定骨折处的上下两端,再固定上下关节处。固定上肢时，使肘关节呈 90°角，以保持功能位。如无木板，也可用树枝、竹棍等代替。固定的伤肢要抬高、保暖，不要乱搬动，并设法尽快转送。

凡是骨折、关节损伤、广泛软组织损伤的伤者，在搬运前都要做好固定。固定的方法有以下三种：

（1）夹板固定。

夹板固定前，必须先止血、包扎伤口。包扎时，暴露的骨折端不能送回伤口内以免损伤血管、神经及加重污染。夹板的长度要超过上下关节，宽度适宜。夹板与皮肤之间及夹板两端要加以纱布、棉花等物作为垫子，以防局部组织压迫坏死。结打在夹板一侧，松紧适当，指（趾）要露出，以便观察肢体血循环。

（2）利用躯干和健肢固定。

无现成夹板和代用品可用三角巾或宽布带将骨折的上臂或前臂固定于躯干上，骨折的大腿和小腿固定于健肢上。具体方法如下：以上臂骨折为例，先用三角巾或宽布带将上臂固定于躯干上，再将前臂固定于胸前，肘关节呈 90°角功能位。大腿骨折时先将软垫放在两膝关节和踝关节之间，以防局部组织受压、缺血坏死。再在骨折的上下端用布带将两大腿捆在一起，再固定两膝关节和踝关节。结打在前面、两腿之间。

（3）部位固定。

① 锁骨骨折：可先用夹板放在肩背部做“T”形包扎固定。如无夹板时，可用宽布带在双肩及腋下有保护垫的情况下，以横“8”字形绕两肩后，让伤者挺胸、双肩外展，再拉紧布带在背后打结。

② 四肢骨折：肱骨和尺骨、桡骨骨折，有夹板时，先用小夹板固定，再悬吊前臂。无夹板时，可用宽布带或三角巾将患肢固定于自身躯干上。股骨和胫骨、腓骨骨折，有夹板时，用夹板固定。无夹板时，利用健肢固定法固定，如图 6-3 所示。

图 6-3　骨折的固定

③ 脊柱骨折：常见的脊柱骨折有颈椎、胸椎、腰椎骨折，脊柱骨折严重时伴有脊髓的损伤，它的主要危害为截瘫。因此，凡脊柱骨折的伤者必须睡在硬板上，颈椎骨折时必须仰卧在硬板上，先在硬板上相当颈部的位置放上垫子，伤者平卧后再

在头部两侧放上沙袋加以固定。胸椎、腰椎伤者平卧硬板时，先将腰部加垫，胸椎骨折伤者俯卧位时先将双肩和腹部位置放好垫子，伤者放好后，再在胸部、髋部、膝关节及踝关节处用4根布带将伤者与木板固定在一起，以防搬运途中损伤脊髓，如图6-4所示。

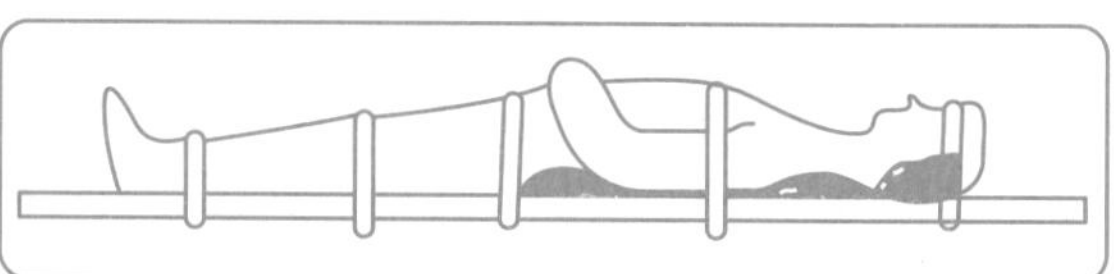

图6-4 脊柱骨折的固定

④ 断指（趾）伤的现场急救：随着医学的发展，断指（趾）再植成功率越来越高，但成功与否与院前治疗关系密切。急救时，断肢残端以消毒敷料做加压包扎止血。仍有出血时，可在离伤口约5 cm处用止血带止血，20分钟放松一次，每次放松2~3分钟。离断端用消毒敷料包好，与伤者一起在伤后6小时内送往医院。例如，在盛夏季节，可将包好的断指（趾）放于不漏气的塑料带中，再放入4~6 ℃的冰槽中，送往医院。

（四）搬运

1. 搬运伤者的一般原则

搬运要在确认伤者不会在运送过程中出现危险时方可进行。

动作要轻，方法应稳妥。

受伤部位不被挤压，不负重，脊柱不扭曲，不同的伤情选用不同的搬运方法。

单人徒手搬运可采用抱、背、扶等方式。双人徒手搬运可采取拉车式、椅托式、手托式等方法。在危险的现场中，伤病情允许的情况下，可用拖拉式将伤者先救到安全的地方再进行急救。

2. 搬运工具

搬运伤者可以采用担架、木板、床单、躺椅等工具。脊柱骨折伤者必须用平托式搬运，且平躺在木板上。

3. 特殊伤者的搬运方法

（1）脊柱骨折。

可由3~4人将伤者平托到硬板担架或木板上。

（2）颈椎骨折。

搬运时应由专人牵引固定头部，与躯干长轴一致，另有3人并排将伤者平托于硬板担架上，去枕平卧，头颈两侧用软垫固定，防止头部扭转和前屈。

（3）抽搐伤者。

可用绷带捆扎在担架上，防止坠地受伤，口腔上下齿间要垫软物，防止舌咬伤。

(4) 休克伤者。

头部不能抬高，平卧，足抬高 10°。

(5) 昏迷、脑外伤、颌面部损伤较重的伤者。

应取侧卧位或俯卧位，切勿仰卧，以免舌后坠者堵塞气道或血液、呕吐物等吸入呼吸道发生窒息。

4. 根据伤情的轻重缓急，安排转送伤者的顺序

先将重伤且有抢救价值的伤者送走，再送轻伤者。各类伤者在转送途中必须有救护员或医务人员的护送，并随时对伤者进行生命体征和病情变化的监测，一旦变化，要进行相应的急救治疗。在决定转送伤者的同时要与接收医院的急诊室联系，并要求对方做好急救准备。急需手术治疗的伤者，途中还必须与手术医生、手术室联系，争取尽快手术，以挽救伤者的生命。伤者送入医院时，护送的医务人员必须将现场检查的伤情、途中监护及各种治疗情况详细告诉接诊医生。

七、实施急救

以下的急救信息只能作为一个建议，它们不能代替急救训练和适当的医学帮助，在任何情况下，我们都要寻求专家的意见。

(一) 休克

人们在出现事故或受伤时一般都会出现休克现象。具体体现为脸色苍白，身体发冷，脉搏微弱且跳动很快，心慌、气促。在伤者出现休克的时候，我们要使其安静，给予适当的温暖，并使其平卧，头低脚高位，增加头部血供，这些都不要在头骨出现破裂(能看到明显的裂痕)的时候进行。松弛紧裹的衣服，如果伤者还有知觉，在确认他的腹部没有受到内伤的情况下，给他喝一些暖的、甜的饮料。如果有必要移动伤者，要小心一点儿。有关更进一步的信息，需要咨询医生。

(二) 伤口

伤口很容易化脓，因此要清洗干净，用消过毒的纱布或绷带包扎。如果伤口小，可以用绷带包扎。如果伤口很深，就要去医院了。

(三) 大出血

在送往医院的途中，让伤者平躺，如果有可能，就要抬高出血的部位，并用一块干净的绷带包扎伤口。

如果这样伤口还在出血，就要在原来的绷带上再裹上一块。如果伤口在肢体上，把伤口抬高一点儿，尽量避免不必要的移动。身体各部位的止血点如图 6-5 所示。

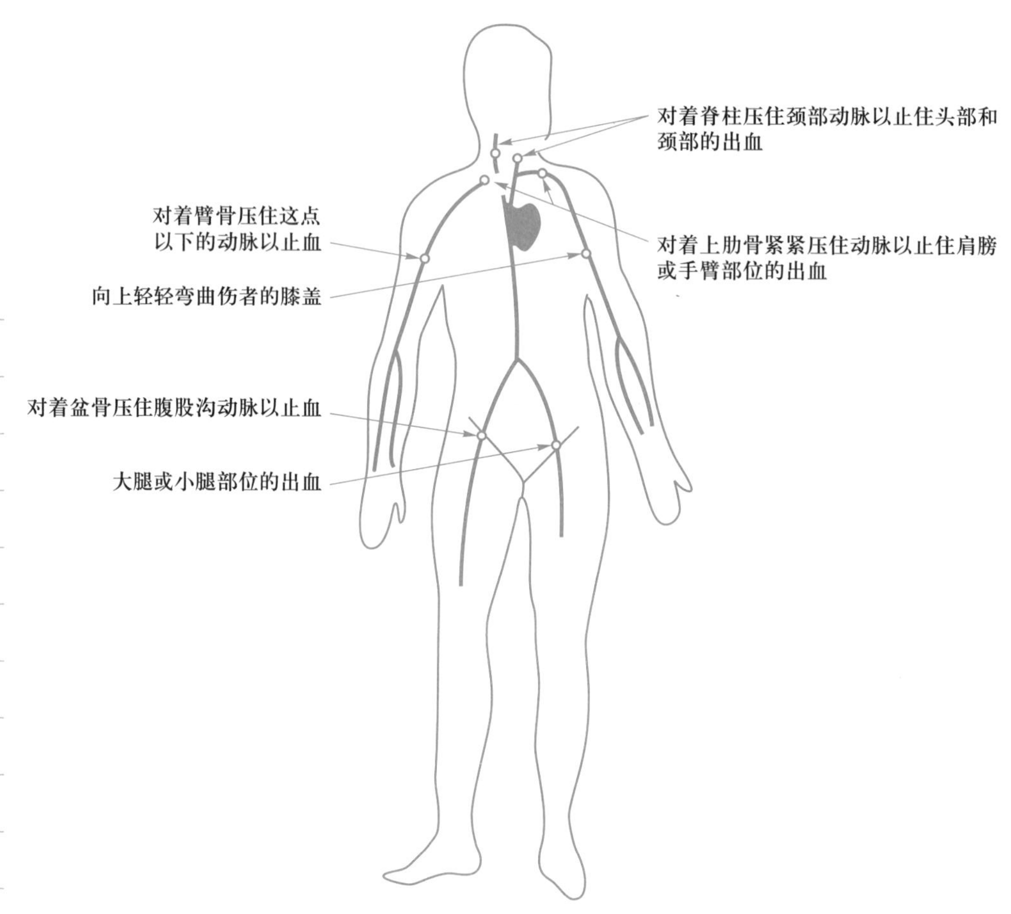

图 6-5 人体的止血点

（四）扭伤、拉伤及擦伤

1. 扭伤、拉伤

关节处的韧带撕裂经常伴随着疼痛、肿块，有的可能出现伤口周围变青。出现这种情况，可以抬高受伤的韧带，并用凉布或者冰袋敷上数小时。当肿块消退后，热敷有助于受伤组织的恢复。扭伤看起来和骨折差不多。如果扭伤的同时，出现了骨折，就要送伤者去医院治疗。

让受伤的肌肉休息，可以减轻疼痛。对于拉伤，热敷、轻度按摩（按摩伤口的周围）是非常有用的。倘若严重的话，最好去医院。

2. 擦伤

可以用泡过冷水的布条或冰袋来减轻疼痛和肿块。如果伤势很严重，就要让医生来检查。

八、常见急症的现场急救

（一）急性心肌梗死

1. 诊断要点

（1）原有冠心病史，在饱餐、情绪激动、劳累后出现症状。

（2）持续性胸痛逐渐加重，疼痛向左肩、背放射。

（3）有的出现烦躁、大汗、呼吸困难、血压下降、心动过速或心动过缓。

（4）有并发症时可出现双肺底湿啰音，呼吸困难，面色苍白、心慌、血压下降。

2. 现场急救

（1）镇静，让伤者不紧张、不焦虑，全身放松，最好采用卧位休息，必要时用安定口服或安定 10 mg 肌肉注射。

（2）有条件吸入氧气。

（3）舌下含化硝酸甘油首次 1 片，如无效，3～5 分钟后重复使用。在血压监测下可2～3 分钟后再含服 1 片，低血压不能用。也可口服阿司匹林 200 mg。

（4）在无溶栓禁忌证的情况下，医务人员在现场可用尿激酶 90～120 万单位加入 5%的葡萄糖水中静滴。

（二）触电

1. 诊断

一定强度的电流直接触及通过伤者的身体造成心脏、神经、局部皮肤的损伤，而造成呼吸、心跳停止，有的因呼吸肌强制性收缩引起呼吸停止和局部皮肤烧伤，电阻越大损伤越重。

2. 现场急救

（1）首先关闭电源，一时找不到电源开关可用干的木棍、竹竿脱离电源。心脏呼吸停止者，立即做现场心肺复苏，必要时做开胸心脏按压。

（2）吸氧。

（3）有条件时进行药物治疗，如肾上腺素、阿托品、利多卡因、洛贝林、尼可刹米等静脉注射。

（4）包扎伤口。

（三）高血压危象

1. 诊断

原有高血压的历史原发性或继发性（症状性）高血压在疾病发展过程中或在某些诱因作用下，血压突然升高病情急剧变化，出现剧烈头痛、呕吐、恶心、耳鸣、视物旋转或模糊、心慌、呼吸困难、烦躁不安、失语、抽搐、嗜睡。血压可达 200～300/120～150 mmHg。

2. 现场急救

（1）硝苯地平 10 mg 舌下含化。

（2）有条件酚妥拉明 10 mg+5%葡萄糖 200 mL 静脉滴注。

（3）25%硫酸镁 10 mL+5%葡萄糖 20 mL 静脉推注。

（4）烦躁时用安定 10 mg 肌注或静脉推注。

（四）脑卒中（中风）

1. 诊断

原有高血压病史或既往病史不清楚，突发头痛、口齿不清或口眼歪斜，肢体瘫痪甚至昏迷、大小便失禁等。脑卒中分为出血性脑卒中和缺血性脑卒中，包括脑出血、脑血栓、脑梗死和脑血管畸形破裂出血等。病因不一样，处理会截然不同，所以应尽快安全地将患者送至医院，妥善处理。

2. 现场急救

（1）安静平卧，头偏向一侧，防止胃内容物反流造成气管堵塞引起窒息。

（2）有条件时予以吸氧。

（3）医务人员到达首先维持气管通畅，控制血压并给予脱水剂治疗。

（五）烧伤的现场急救

烧伤的现场处理是否及时和恰当对以后的治疗有重要的影响，也关系到患者的生命安全。

烧伤现场处理的基本原则：解除呼吸道梗阻，有效地防止休克，保护创面不再污染和损伤。

1. 灭火

这是现场急救中的重要环节，要迅速采取一切措施使患者尽快脱离火海，使烧伤程度降低。灭火方法因火源不同而异。

（1）一般火焰可用水浇，或用毯子、棉被或泥土将火覆盖，使之与空气隔绝而熄灭，或让着火者跳入附近的河沟、水池内灭火。

（2）汽油燃烧的火焰要用湿布、湿棉被覆盖，使之与空气隔绝而熄灭。着火者亦可潜入水中片刻，使着火汽油漂浮在水面上。

（3）化学性烧伤要迅速解脱衣服，用大量清水冲洗。磷烧伤要立即用湿布敷创面使之与空气隔绝，防止磷元素继续燃烧。最好使用 2%的碳酸氢钠液冲洗创面，取出可见的磷颗粒，并用湿敷包扎，忌用油质敷料，因无机磷易溶于脂质加速吸收引起磷中毒。对面部及眼部的化学性烧伤应特别注意，及早发现并反复彻底地用清水冲洗。

2. 保护创面

灭火后及时保护好创面是减少感染的重要环节。可利用消毒敷料或干净的被单、三角巾等将创面进行简单包扎加以保护，尽量不要弄破水疱，创面不要涂任何药物，以免影响对烧伤程度的判断。

3. 止痛

烧伤患者多有剧烈疼痛和恐惧、烦躁不安等。为了防止休克的发生，可口服止痛片或肌注止痛剂。有呼吸道烧伤或合并脑外伤者不能用吗啡类药物。

4. 合并伤的处理

对合并伤有出血、骨折者，要立即止血包扎，固定骨折处。合并有呼吸道烧伤并有呼吸困难者，可先用粗针头做环甲膜穿刺，有条件时早做气管切开。

5. 有医疗条件时补充液体

烧伤患者有大量体液渗出，应立即补充适当液体以防止休克发生。轻度烧伤患者可采取口服补液，喝含盐饮料，不能喝白开水或糖开水。Ⅰ～Ⅲ度烧伤、面积在 30%～50%的严重烧伤未出现休克体征者，可先口服补液并立即转送医院。有休克体征者或Ⅱ～Ⅲ度烧伤、面积超过 50%者应立即进行静脉补充含电解质的液体。

现场处理后尽快送医院做进一步治疗，途中要注意观察神志、呼吸、脉搏、血压的变化。

（六）中毒

中毒是指有毒物质经口、呼吸道、皮肤接触进入人体内引起机体的损害。中毒的种类很多，下面介绍几种常见的诊断和现场急救方法。

1. 酒精中毒

酒精中毒即饮酒过量，俗称醉酒。

（1）诊断要点。

① 有大量饮酒史。

② 表现为兴奋多语、喜怒无常、行为失常、昏睡，甚至昏迷、死亡。

（2）现场急救方法。

① 用手指或筷子刺激咽喉部催吐。

② 浓茶、咖啡，冷水洗脸，促使早清醒。

③ 头转向一侧以防止呕吐窒息。

④ 神志不清楚，尽早呼救“120”。

2. 安眠药中毒

（1）诊断要点。

① 失眠或自杀服用大量安眠药。

② 用药后出现乏力、精神萎靡、昏睡甚至昏迷。

（2）现场急救方法。

① 即催吐或简易洗胃，先饮大量清水然后催吐，催吐以后再饮水再催吐，直到吐出的水无药味儿为止，以减少胃对药物的吸收。

② 如昏迷，则需尽快呼救“120”。

3. 海洛因中毒

（1）诊断要点。

① 有吸毒史或静脉穿刺痕迹。

② 轻度中毒有头昏、头痛、恶心呕吐、意识模糊、肌张力增高等现象，抽搐后出现四肢无力。

③ 重度中毒出现昏迷、呼吸困难、双瞳孔缩小、血压下降等现象，甚至死亡。

（2）现场急救方法。

① 用清水洗胃。

② 维持气道通畅。

③ 药物治疗：纳洛酮 2~4 mg 静脉注射。无效时以纳洛酮加入 5%的葡萄糖水中以 0.4 mg/h 维持，加重或复发时加至 0.8 mg/h 持续 12 h。

④ 向“120”求救。

4. 食物中毒

（1）诊断要点。

① 有不洁饮食史。

② 进食后 2~12 h 出现腹痛、腹泻、恶心呕吐、烦躁不安，甚至中毒性休克表现。

（2）现场急救方法。

① 催吐洗胃。

② 饮含盐开水。

③ 尽快向“120”呼救。

（七）急性气道异物梗阻

1. 气道梗阻的原因

（1）进食时说话，或吃东西用力过猛食物吸入气道。

（2）头面部受伤后血凝块阻塞气道。

（3）呕吐时胃内容物反流进入气道。

（4）假牙脱落，酗酒等。

2. 诊断要点

（1）在进食时或头面外伤后发病。

（2）突然面色发绀，用手捏住颈部，不能说话。

（3）突然昏迷，无其他诱因。

3. 现场急救方法

（1）患者神志清楚时，要鼓励患者用力咳嗽或用力拍其两肩胛骨中间，让异物排出气管或松动以缓解症状如图 6-6 所示。

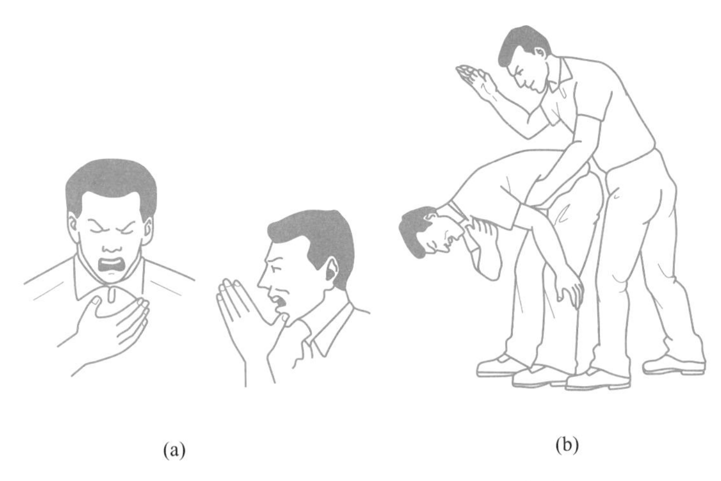

(a)　　(b)

图 6-6　急性气道异物梗阻的处理方法

（2）膈下上腹部推压法：患者神志清楚时，抢救者站在患者背后，用双手臂抱住患者腰部，一手握拳，拇指关节朝患者上腹部剑突下，另一手握住此手，用力向上向内推压，连续 4~6 次。患者神志不清楚时将其放为水平仰卧位，抢救者跪在患者大腿内侧，用一手掌根在其上腹部剑突下，两手掌根重叠，快速向内向上用力推压，使异物排出体外，如图 6-7 所示。

（3）手指清除异物：对于昏迷患者，抢救者可将其口扳开，托起下颌，另一手食指顺口颊内侧插入，达咽喉部，弯曲钩出咽部异物。

（4）儿童气道梗阻：抢救者将患儿头面朝下，背朝上，用力拍其两肩胛骨中间，让异物受到振动排出气道。昏迷时，也可以用膈下上腹部推压法，如图 6-8 所示。

图 6-7　膈下上腹部推压法

(a) 拍击儿童背部

(b) 按压儿童胸腹部

图 6-8　儿童气道梗阻的急救方法

活动 6.1

了解并掌握本单元的知识

活动步骤：第一步，学习者了解本单元的主要内容和要求。

第二步，学习者阅读有关的资料和信息并提问。

第三步，参与活动并完成练习。

活动建议：进行小组讨论。

活动 6.2

实施临时救护

活动目的：掌握简单的急救方法，确保自己和他人在特殊情况下获得救护。

活动步骤：第一步，确定受伤部位及严重程度。

第二步，采取相应的急救措施。

活动建议：采用模拟教学法进行教学。

思考与练习

在水中被淹溺后，溺水者出现神志改变、呼吸困难、血压下降、四肢冰冷、面色青紫、肿胀等现象，严重缺氧窒息者甚至停止呼吸、心跳。

[问题]

1. 如果你发现有人溺水，你该怎么做？

2. 溺水后的急救方法是什么？

[问题分析]

1. 迅速将溺水者救出水面，清除口腔异物，并将其头后仰以保持呼吸道畅通。

2. 判断呼吸，如呼吸已停止，立即口对口吹气两次。

3. 溺水者救出水面后应将其置放在坚硬的地板上以 30 次按压伴随两次人工呼吸的比例，进行徒手心肺复苏。有条件时可用面罩给氧。气管插管，建立静脉通道，淡水淹溺者，选用 0.9%～3%的氯化钠液体静脉滴注。

课堂作业一

1. 在实际急救操作中，如何减少大出血？

2. 急救的意义有哪些？

任务二 急救治疗并准确报告和记录

走进课堂

人在休克后的4分钟内是抢救的黄金时间，如果在这段时间进行心肺复苏，就可能给治疗争取更大的成功机会。在日常生活中一旦遇到因各种急性中毒、溺水、触电、心脏病等引起的心跳和呼吸骤然停止的患者，此时对其进行人工呼吸和胸外按压的急救就是心肺复苏。

思考与提示

1. 如果你发现有人受伤昏迷，该怎么办？
2. 你知道心肺复苏的步骤吗？

问题分析

第一步，检查患者是否还存在知觉。如患者已失去知觉，又是呈俯卧位，则应小心地将其翻转过来。

第二步，使患者头向后仰，以防止因舌根后坠堵塞喉部影响呼吸。

第三步，救护者一只手放在患者额头上，使其维持头部后仰的位置。另一只手的指尖要轻摸位于气管或喉两侧的颈动脉血管，细心感觉有无脉搏跳动。如有，则说明心跳恢复，抢救成功。

第四步，如果没有摸到颈动脉的跳动，说明心跳尚未恢复，需立即做胸外心脏按压术：患者仰卧，施救者一只手掌放在按压部位上，另一只手重叠放在前一只手上，两手指上翘，施救者上身前倾，两肩位于患者胸骨正上方，两臂伸直，以髋关节为支点，利用上身的重力向下按压，按压深度5~6cm、频率100~120次/min，每次按压后停顿，使胸廓充分回弹。按压应平稳、有规律地进行，不能间断，不能冲击式猛压。

第五步，救护者跪于患者胸部左侧施压，这点很重要，因为胸外心脏按压和口对口吹气需要交替进行。最好有两个人同时参加急救，其中一个人按压心脏，另一个人做口对口吹气。如果抢救现场只有一个人，在抢救过程中，每按压心脏30次，给予口对口吹气两次，抢救2分钟再检查有无颈动脉搏动和呼吸。

注意：胸部有外伤、畸形者不宜对其进行胸外心脏按压。不可对正常人进行练习。

一、人工呼吸

当务之急是强行使空气进入肺部。即使有什么东西粘在喉咙里，也要采用向肺部强行吹气这种方法。如果脑细胞缺氧 3~5 分钟，脑部损伤就会发生，而且完全恢复健康的概率将会很快减小，所以动作要快。

人工呼吸能在呼吸停止的各个场合使用。例如电击、烟雾窒息、异物卡住喉咙、吸毒过量、非腐蚀性中毒、一氧化碳中毒、头部或胸部损伤、心脏病发作等。

伤者必须远离危险源，或将危险源搬移，使其远离伤者。

2018 年 9 月，中国医学救援协会、中华护理协会颁布了《现场心肺复苏和自动体外心脏除颤技术规范》T/CADERM1001—2018。

人工呼吸的步骤实施：

1. 检查清理口腔

施救者双手托住被救者脸颊，用双手拇指同时压下颏使被救者张嘴，侧头观看口腔内是否有异物。发现固体异物，应用一手指弯曲托住下颏同时大拇指压住被救者的下唇使其张嘴，用另一手指将固体异物钩出或用两手交叉从口角处插入，取出固体异物，操作中应注意防止将固体异物推到咽喉深部。清除口腔中的液体分泌物可用指套或指缠纱布的方法，如图 6-9 所示。

2. 打开气道

打开气道有两种方法，即仰头抬颏法和双手举颏法，其中双手举颏法适用于颈部有损伤的患者。

（1）仰头抬颏法：站立或跪在被救者身体一侧，用一手小鱼际放在被救者前额向下压迫；同时另一只手食指、中指并拢，放在下颏部的骨性部分向上提起，使得颏部及下颌向上抬起、头部后仰耳垂与下颌角连线垂直于地面，气道即可开放（图 6-10）。

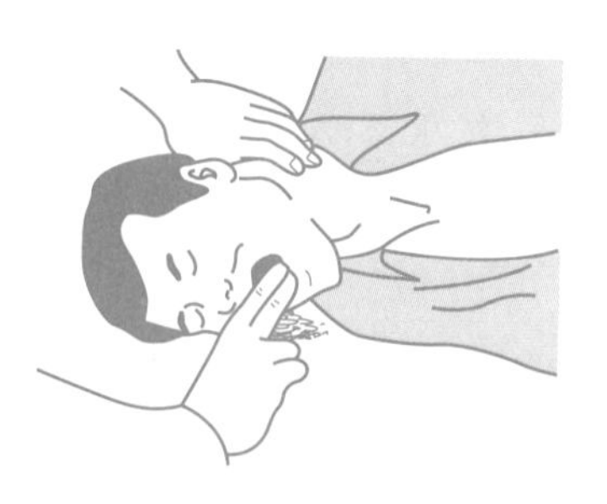

图 6-9　清除口腔异物示意图

图 6-10　仰头抬颏法

（2）双手举颏法：站立或跪在被救者头端，肘关节支撑在被救者仰卧的平面上，两手分别放在被救者头部两侧，分别用两手食指、中指固定住被救者两侧下颌角，小鱼际固定住两侧颞部，拉起两侧下颌角，使头部后仰，气道即可开放。此方法可避免加重颈椎损伤(图 6-11)。

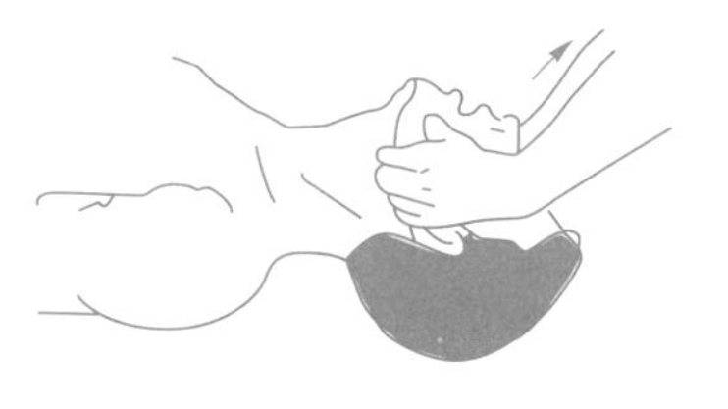

图 6-11　双手举颏法

3. 人工呼吸

开放气道后,施救者应立即进行两次口对口(鼻或口鼻)人工呼吸。人工呼吸时应暂停实施胸外按压。

(1) 口对口吹气:保持被救者气道通畅,施救者应用拇指和食指捏紧被救者鼻翼,施救者平静吸气后,用嘴严密包合被救者口周,缓慢吹气,持续 1 s 以上,观察被救者胸廓起伏,吹气结束,施救者口唇离开、放开捏住的鼻孔,让气体被动呼出(图 6-12)。

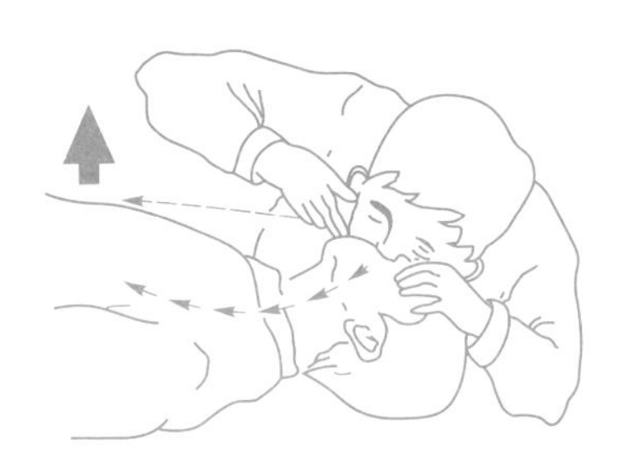

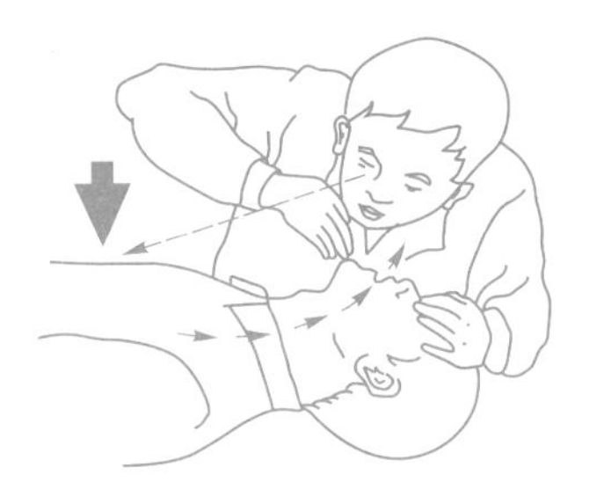

图 6-12　口对口人工呼吸示意图

(2) 口对鼻吹气:被救者牙关紧闭,施救者应将被救者嘴唇紧闭,用口唇罩住被救者鼻孔缓慢吹气,观察胸廓是否起伏。

(3) 口对口鼻吹气:婴儿采用口对口鼻的人工呼吸法。保持气道畅通,施救者口唇包严婴儿口鼻,缓慢吹气,观察胸廓起伏(图 6-13)。

注意:若年龄大于 1 岁,吹气频率为 8 次/min~10 次/min;婴儿(出生 28 天至不足 1 岁),吹气频率为 12 次/min~20 次/min。若吹气时被救者胸廓未抬起,重复一次仰头抬颏法,再次吹气,观察汗胸廓是否抬起,在吹气时应避免过快、过强。

二、心脏按压(胸外心脏按压)

心脏按压前应对伤者进行以下几项检查:

1. 诊断呼吸

2. 检查脉搏

如图 6-13(a)所示。

如果伤者已经停止呼吸,立刻对伤者进行两次呼吸(指人工呼吸)。接着检查颈部脉搏或者手腕处、腹股沟处的脉搏,或者直接检查心跳次数。如果没有反应,则表明心脏可能已经停止了跳动。

同时,还应检查以下几方面。

(1) 当抬起眼睑时,看扩散的瞳孔有没有收缩。这是一个非常明显的信号,但并非判断死亡的必要条件,如图 6-13(b)所示。

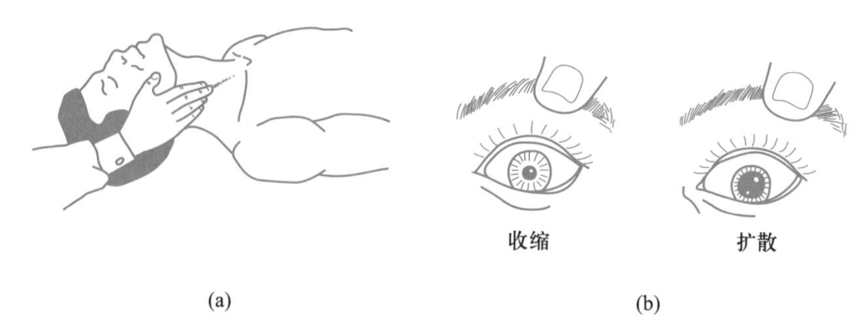

图 6-13 检查颈部动脉和瞳孔

(2) 伤者没有呼吸和任何动静。

(3) 伤者面无血色(苍白),或者皮肤呈白色、青色。

如果以上症状同时出现并伴随着脉搏微弱,立即开始心肺复苏法抢救伤者。

三、心肺复苏法

心肺复苏法的步骤如下:

(1) 一看二听三感觉,摸颈动脉,呼叫急救电话,如图 6-14 所示。

(2) 人工呼吸两次。

(3) 胸外按压定位有 3 种方法。

① 胸骨中线与两乳头连线交汇点或胸骨下半部即为按压位置(图 6-15)。

图 6-14 呼叫急救电话

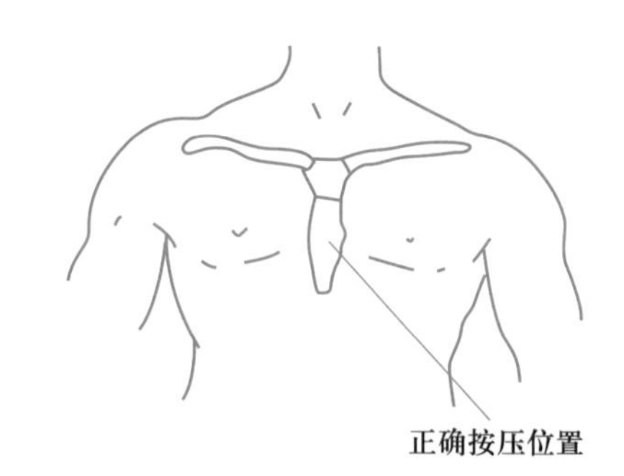

图 6-15 胸外按压定位示意图

② 食指和中指并拢,沿肋弓下缘向上,找到肋骨和胸骨接合处的中点,中指放在切迹中点(剑突底部),食指平放在胸骨下部,另一只手大鱼际紧挨食指上缘,掌根置于胸骨上,即为按压位置(图 6-16)。

③ 掌根旋转定位法:施救者将右手置于被救者胸前,方向与胸骨柄重合,中指

置于其胸骨上窝凹陷处，以掌根为支点顺时针旋转 90°，使手掌根位于胸骨下半部。

图 6-16　肋弓下定位法示意图

(4) 成人胸外按压方法。

成人年龄段为含 8 岁以上。

① 施救者位于被救者一侧，被救者仰卧在硬质的平面上，暴露胸部，迅速确定按压的部位。施救者一只手掌根放在按压部位上，另一只手重叠在前一只手上，两手掌根相重叠，手指翘起，上体前倾，两肩位于被救者胸骨正上方，两臂伸直，以髋关节为支点，利用上身的重力作用垂直用力向下按压(图 6-17)。

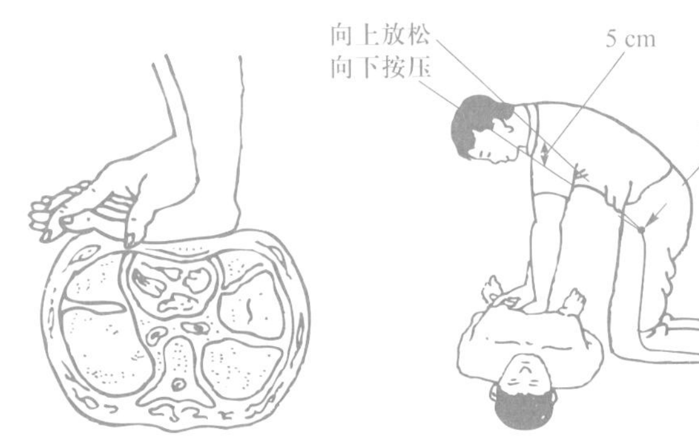

图 6-17　成人胸外按压方法示意图

② 按压深度：5~6 cm，频率：100~120 次/min。

③ 每次按压后应使胸廓充分回弹。

④ 尽量减少胸外按压的中断，同时应避免过度通气。

⑤ 按压呼吸比 30∶2。

(5) 儿童胸外按压方法。

儿童年龄段应为 1~7 岁和学龄前。

① 施救者位于被救儿童一侧，被救儿童仰卧在硬质的平面上，暴露胸部，迅速确定按压的部位。施救者双手按压的方法和成人胸外按压的方法相同。施救者单手按压的方法，一手掌根放在被救儿童的按压部位上，肘部伸直，利用上身的重力垂直用力向下按压。

② 按压深度，胸廓前后径的 1/3，频率：100~120 次/min。

③ 每次按压后应使胸廓充分回弹。

④ 尽量减少胸外按压的中断，同时应避免过度通气。

⑤ 单人心肺复苏按压呼吸比 30∶2，双人心肺复苏按压呼吸比 15∶2。

（6）婴儿胸外按压方法（图 6-18）。

婴儿年龄段为出生 28 天至不足 1 岁。

① 施救者位于被救婴儿一侧，婴儿仰卧在硬质的平面上，暴露胸部，迅速确定按压的部位。胸骨中线与两乳头连线交汇点。

② 施救者用两个手指放在按压部位用力垂直向下压，其余手指环绕胸廓。

③ 按压深度，胸廓前后径的 1/3～1/2，频率：100～120 次/min。

④ 每次按压后应使胸廓充分回弹。

⑤ 尽量减少胸外按压的中断，同时应避免过度通气。

⑥ 单人心肺复苏按压呼吸比 30∶2，双人心肺复苏按压呼吸比 15∶2。

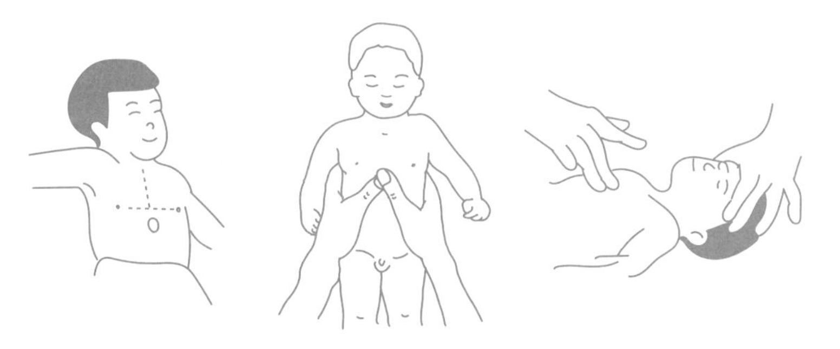

图 6-18 婴儿胸外按压方法示意图

知识拓展

煤气中毒事故的救护

发现有一氧化碳中毒者时，应立即打开门窗，并将中毒者移到空气流通的地方，解开衣服，但必须注意保暖。若能自饮水，则可给予其热糖茶水或其他热饮料。

呼吸微弱或停止者，应立即进行人工呼吸，同时拨打“120”急救电话。在送医院途中也不可中止人工呼吸。如果未出现自主呼吸，应将人工呼吸持续数小时之久，直到自主呼吸出现为止。

对昏迷患者可针刺人中、十宣、涌泉等穴；未昏迷者可针刺合谷、内关、足三里、百会等穴。

停止吸入一氧化碳后，最初 1 h 内约可排出一氧化碳的 50%。但碳氧血红蛋白全部离解则需要几个小时甚至 24 h 以上。使患者吸入高压氧或内含 5%二氧化碳的氧，以加速驱除血液中的一氧化碳。

活动 6.3

采用人体模型进行模拟人工呼吸急救、心肺复苏急救

活动目的：在不能及时获得专业紧急救护的情况下，采取急救措施挽救他人生命。

活动步骤：第一步，选择人体模型。

第二步，进行口对鼻的人工呼吸操作。

第三步，进行口对口的人工呼吸操作。

第四步，进行心肺复苏操作。

活动建议：采用模拟教学法进行教学。

活动 6.4

以班级为单位，临时设立紧急救护机构，设计救护方案并实施

活动目的：在紧急情况发生时，能够有序地采取急救措施挽救他人生命。

活动步骤：第一步，机构框架与责任人。

第二步，分组讨论，

第三步，确定紧急状况。

第四步，模拟实施方案。

活动建议：采用模拟教学法进行教学。

思考与练习

车祸是最常见的事故。在车祸死亡者当中，约有 30% 的死亡是不该发生的。世界卫生组织对此进行过调查，发现有许多伤者是由于驾驶员或路人不懂得抢救知识而失去生命的。

1. 发生事故时，请拨打“120”

在交通事故发生以后，首先应想到的是对伤者的抢救，这时，请您拨打“120”。拨通“120”后，要言简意赅地说明有关情况，如车祸的地点、伤者的人数和伤势情况。通话完毕请立即挂机等候。按照规定，调度在下达出诊指令前，要按所提供的电话号码把电话打回进行确认，证实无误后才会派救护车前往。

使用救护车转运危重伤者比使用其他任何车辆都要优越。这不仅仅是救护车减震好，跑得快，伤者在车上能够平躺。更主要的是，随车出诊的医生、护士携带有氧气、药品等，可以随时进行必要的现场和途中抢救。

2. 判断有无生命威胁的征象

呼叫“120”以后，千万不可坐等，应及时观察、判断伤者有无威胁生命的征象。在交通事故中，如果人的肢体有毁损、破裂、出血等情况，属于开放性碾轧伤，这是比较容易发现的。而由撞击或挤压造成的钝性挫伤，皮肤无破损、出血，从外表不易立即发现异常，但不等于问题不严重。无论是哪种损伤，应先了解伤者有无威胁生命的征象存在。

如果伤者的神志已经昏迷不清，对外界刺激反应消失，或瞳孔两侧大小不等，对光的反应迟钝或消失，呼吸不规则，脉搏摸不清，均说明情况严重。对神志不清的伤者，应注意其呼吸道是否通畅。如果口腔中有呕吐的食物、痰、血块等异物，应予以清除，并使伤者的头后仰，以防堵塞呼吸道，造成窒息而死亡。

如果伤者的心跳停止，可采用胸外心脏按压法抢救（即用手掌紧贴在心脏部，有节奏地上下挤压胸部，每分钟 100 次）。如果呼吸停止，应立即给予人工呼吸（一般采用口对口的人工呼吸法，每分钟 18 次左右）。

如果伤者脉搏变弱而快，呼吸急促，说明伤者进入休克状态（如果伤者没有外出血，则可能存在内出血），应抓紧时间送医院抢救。

3. 采取急救措施

交通事故发生后，最常采取的急救措施有以下几方面：

（1）心脏按压术。

在交通事故的损伤中，心脏停止跳动是最为可怕的。如果心脏停止了跳动，或心室的肌纤维乱动而不能有效地收缩排出血液，则全身组织器官得不到氧气和养料的供应，短时间内就将坏死。这时，应立即做胸外心脏按压，帮助恢复心跳。

（2）人工呼吸法。

在交通事故中，胸部可能因受到钝性暴力打击而致损伤，如从高处跌下、车辆碰撞、物体挤压等，从而出现呼吸困难，颜面、指甲呈青紫色，甚至造成呼吸停止。心跳、呼吸一旦停止，必须在 4 分钟内进行心肺复苏。这时，可采用人工呼吸法，即口对口吹气法。

（3）昏迷的处理。

交通事故造成的昏迷一般由精神因素或外伤造成。精神因素常因惊吓恐怖发生。在外伤中，最常见的是颅脑的损伤。一般短暂昏迷多为脑震荡，伤后持续昏迷可见于脑挫裂伤，清醒后再度昏迷可见于硬脑膜外血肿。在将昏迷者送往医院之前将伤者置于平卧位，头偏向一侧，保持呼吸道畅通，防止舌头后坠，手掐百会、合谷、太冲、人中、内关、足三里等穴位。

（4）休克的急救。

在交通事故中，造成休克的原因大致有三种类型。

① 低血容量性休克，多因大出血引起。

② 神经性休克，可由强烈的精神刺激、剧痛等引起。

③ 创伤性休克，可由骨折、撕裂伤、挤压伤等引起。

发现伤者休克时，要给予紧急处理。首先使伤者平卧（不宜采取头低脚高位）于空气流通处，下肢略抬高（约 30°），以利于静脉血回流。松解衣领和裤带，便于伤者呼吸。保持呼吸道畅通，及时清除口中异物，有条件时可给予吸氧。对伤者应注意保暖，保持安静，尽量减少搬动。手掐穴位也能发挥很好的作用，可选人中、内关、足三里、十宣等穴位。若为创伤性休克，要给予正确的止血、包扎、固定。对剧痛者可服止痛片或打止痛针。

（5）指压止血法。

在交通事故中，人体受到创伤和出血是常见的现象。外伤后大量出血是引起休克和死亡的主要原因之一。因此，在将伤者送入医院救治之前，必须迅速有效地进行止血。

止血前应弄清楚出血的性质。出血通常分为以下三种。

① 动脉出血呈喷射状，颜色鲜红，出血量多，有生命危险。

② 静脉出血为缓慢流出，颜色暗红。

③ 毛细血管出血呈片状渗出，颜色鲜红，常可自凝。其中动脉出血最危险，应及时处理。当遇到伤者头颈部及四肢动脉出血并且身边又无止血器材时，采用指压止血法。方法是用手指压迫伤口近心端的动脉，将动脉压向深部的骨骼，阻断血流，从而达到临时止血的目的。

（6）正确使用止血带。

当四肢较大的动脉出血时，切不可滥用止血带。必须使用时，应当选用有弹性的橡皮管或布带做止血带。缚带时，首先应当用毛巾或布缠绕在创口以上部位的皮肤上，再扎紧止血带，松紧以血液不再流出为度。缚止血带的时间，原则上不超过 1 小时，每隔 40~50 分钟，应松解止血带 2~3 分钟。没有止血带的，可以用一块干净的（最好是消毒的）纱布盖在伤口上，用布带做加压包扎后，急送就近医院治疗。

（7）伤口的处理和包扎。

由于交通事故往往发生于户外，常遇沙砾、尘埃沾染伤口，所以在现场处理时应格外小心，对伤口表面的异物可以取掉，外露的骨折端不应复位，以免将污染的脏物带入深部。由于皮肤和肌肉碾轧后均已有损害，对于这类伤口应该用干净纱布加以包扎，待送入医院后再处理。绝不能随便用脏布覆盖伤口，加重伤口的损害。

包扎时，先让伤者取舒适的卧位或坐位，并暴露伤口。将消毒纱布或清洁纱布覆盖在伤口上，再以绷带缠绕。包扎四肢时，应由末端开始，指(趾)最好暴露在外边，以便随时观察血液循环情况。一般胳膊要弯曲着包扎，腿要直着包扎，以保持肢体的功能位置。包扎开始和终止必须缠绕两周，以免脱落和松散。

(8) 伤者的搬运。

在交通事故的创伤中，伤者经过初步处理后，需根据情况组织转运，在转运过程中应注意以下问题：

存在骨折的伤者，应给予肢体固定。

对于疑有脊柱骨折的伤者，搬运时应特别注意保持脊柱的平直，以免加重脊髓的损伤，造成瘫痪。

(9) 急刹车引起的创伤处理。

司机开车难免遇到意外险情，迫使司机紧急刹车，车内乘客常因措手不及而致创伤。乘客轻度撞伤时，多为胸部或上肢的软组织挫伤，受伤部位有肿胀和疼痛的感觉。若无其他症状，可等下车后再做处理。此类伤者的伤部皮肤如无破损，早期(伤后1~2天)可用冷水毛巾做湿敷，以减少血肿形成并减轻疼痛，以后改用热醋或热水洗熏患处。对皮肤擦伤者，可用干净的手绢暂时包扎，下车后再涂药。当剧烈撞伤造成肋骨骨折时，骨折处可出现凹陷或凸出，局部肿痛明显，说话、咳嗽时疼痛更为剧烈，应使伤者半卧，速送医院处理。一旦被破碎玻璃划破了面部、颈部，出血可能较多，应先将伤口内外看得见又可取出的碎玻璃除去，然后用干净毛巾予以包扎。出血不止时，可用指压止血法暂时止血，并速送伤者去医院。有时儿童撞伤头部可引起脑震荡，多有短暂的意识丧失，大约持续数分钟，最多的超过30分钟就能清醒，可伴有头晕、头痛及呕吐等。虽然轻度脑震荡无须特殊治疗，休息5~7天就能痊愈，但为了防止遗漏其他伤情，也应送伤者去医院做检查。

(10) 鼻外伤的处理。

鼻子是面部最突出的部分，易遭外伤。在车祸中常见的鼻子外伤有皮肤擦伤、软组织挫伤、鼻出血及鼻骨骨折。鼻部擦伤可用凉开水、自来水或生理盐水将创面及其周围冲洗干净，再给创面涂点儿红药水或紫药水，周围可用酒精涂擦，然后用干净纱布覆盖。软组织挫伤后，如皮肤未破，可给予冷敷，以防止鼻出血和减轻局部组织肿胀，1~2天后改用热敷，能促进消肿。鼻骨单纯性骨折无移位者，经医生检查并确诊后，可服用抗菌药物以预防感染，也可选服跌打丸等中成药。骨折后有畸形者，说明骨折断端发生移位，必须及早去医院进行复位手术。若局部明显肿胀，可先冷敷治疗几天，待消肿后再行复位。骨折后如从鼻腔中流出清水样或血性液体，说明可能伴有颅底骨折，切勿堵塞鼻孔，应任其流出，并速送医院由医生处理。

课堂作业二

1. 在什么情况下宜采用人工呼吸？
2. 回顾并思考正确实行人工呼吸的要领。

单元内容小结

1. 通过介绍各种伤害的临时急救办法，使学习者能够在遇到自己和他人受伤时，能获得恰当的治疗，保证生命安全。

2. 通过介绍在紧急状况下的急救措施，即人工呼吸与心肺复苏程序，在特殊情况下可以挽救他人的生命。

3. 通过介绍国家职场安全健康法规，阅读与填写急救报告、记录，使学习者能够按照国家职场安全健康法规实施紧急救护。

知识测试题

判断正误并说明理由。

（1）报告、记录是法律所要求的。

（2）急救的目标之一是挽救生命。

（3）泡沫灭火器是红色的固体。

（4）急救是医生提供的有效的医学治疗。

（5）在空气中只要有16%的氧气，燃烧就会进行。

（6）在紧急情况下，你仍然有时间取出你个人的物品。

（7）火灾的发生有四个因素。

（8）一个事故往往是由一个简单的原因引起的。

（9）在急救设备中包括了止血的纱布、呼吸器等。

部分参考答案 15

案例分析

［**案例 6-1**］

2014年9月7日15时45分左右，宁夏捷美丰友化工有限公司（位于宁东能源化工基地煤化工园区B区）东南角火炬装置区域，发生一起因氨气液混合物从主火炬筒顶部喷出并扩散，造成火炬装置周边约200 m范围内41人急性氨中毒。

［问题分析］

氨气的分子式为NH_3，为无色具有强烈刺激性臭味的气体，极易溶于水成为氨水（又称为氢氧化铵），呈弱碱性，1%的水溶液pH11.7，28%的水溶液称为强氨水。氨水与空气混合时具有爆炸性，爆炸极限为15.5%～27%。常温下可加压成液氨。工业生产涉及石油精炼、氮肥、合成纤维、鞣皮、人造冰、油漆、塑料、树脂、染料、医药以及氰化物、有机腈等制造和用于金属热处理等，又是食品、副食品等冷库的冷冻剂。

本品主要对上呼吸道有刺激和腐蚀作用，高浓度时可危及中枢神经系统，还可通过三叉神经末梢的反射作用引起心脏停搏和呼吸停止。人对氨的嗅觉阈为0.5～1 mg/m^3，浓度为50 mg/m^3 以上鼻咽部有刺激和眼部灼痛感，500 mg/m^3 以上短时内即出现强烈的刺激症状，1 500 mg/m^3 以上可危及生命，3 500 mg/m^3 以上可即时死亡。缺氧时可加强氨的毒作用。国家卫生标准浓度为30 mg/m^3。

急性中毒多见于管道破裂、阀门爆裂等意外事故，症状依氨的浓度、吸入时间及个人耐受性等而有轻重。刺激反应表现为一过性的眼和呼吸道刺激症状，肺部无明显阳性体征。轻度中毒表现为眼结膜充血流泪、咽痛、咽部充血水肿、声音嘶哑、咳嗽、咳痰及肺部干性啰音，胸部X射线检查符合支气管炎或支气管周围炎表现，血气分析其动脉氧分压在呼吸空气时可低于预计值1.33～2.66 kPa（10～20 mmHg）。中度中毒表现为声音嘶哑、剧烈咳嗽、伴血丝痰、胸闷、呼吸困难频速，并有头晕、头痛、恶心、呕吐、乏力等，轻度发绀、肺部有干、湿啰音，胸部X射线检查符合肺炎或间质性肺炎表现，血气分析在低浓度吸氧时（<50%氧）能维持动脉血氧分压大于8 kPa（60 mmHg）。重度中毒表现为剧烈咳嗽、咯大量粉红色泡沫痰、气急、胸闷、心悸等，并常有烦躁、恶心、呕吐或昏迷等，体征呈呼吸窘迫、明显发绀、双肺满布干、湿啰音，胸部X射线检查符合严重肺炎或肺泡性肺水肿，血气分析在吸高浓度氧（>50%氧）的情况下动脉血氧分压低于8 kPa（60 mmHg），还伴有严重喉头水肿或支气管黏膜坏死脱落所致窒息或较重的气胸或纵隔气肿或伴有较明显的心、肝、肾的损害。

急救处理原则：迅速将患者移至空气新鲜处，合理吸氧，解除支气管痉挛，维持呼吸、循环功能，立即用2%的硼酸液或清水彻底冲洗污染的眼或皮肤。为了防止肺水肿应卧床休息，保持安静，根据病情及早、足量、短期应用糖皮质激素，在病程中应严密观察以防病情反复，注意窒息或气胸发生，预防继发感染，有严重喉头水肿及窒息预兆者宜及早施行气管切开，对危重患者应进行血气监护。此外注意眼、皮肤灼伤的治疗。

预防措施：主要是生产过程中加强密闭化，防止跑、冒、滴、漏，液氨管道、阀门等应经常检修，移液胶管应定期做耐压试验，老化者及时更换，应有严格的安全操作规程，加强对作业人员上岗和定期职业安全卫生知识培训，重点企业应编制防治氨中毒事故的应急救援预案并组织演练，作业环境定期测定氨浓度，对工作人员执行定期体检制度。明显的呼吸系统疾病、肝、肾疾病、心血管疾病均列为职业禁忌证。

［案例6-2］

2018年11月3日，兰海高速公路的兰州南收费站发生了一起重大交通事故。一辆重型半挂载重牵引车沿高速公路由南向北行驶，在一段17 km长下坡路的时候与等候缴费的数十辆车发生激烈碰撞。这起事故造成15人死亡、44人受伤，其中重伤10人。

［问题与思考］

1. 现场目击者应如何紧急呼救？
2. 医疗救援人员赶赴事故现场后应立即进行哪些方面的评估？如何快速判断危重伤者的情况？

3. 现场救护中需遵循哪些原则？

4. 试述现场检伤分类的方法及其意义。

5. 一位伤者被从车内救起后不省人事，检查无呼吸，颈动脉搏动消失，应如何施救？怎样判断施救效果？

6. 一位伤者头颈部受伤，颈后疼痛、活动受限，躯体被卡在变形的车座之间，在救出该伤者的过程中应重点注意什么问题？如何正确搬运此类伤者？

7. 试述重伤者在转运途中的救护要点。

[问题分析]

1. 立即拨打“120”急救电话以启动紧急救援系统；以简洁的语言清晰地告知事故的确切地点，指出周围的明显标记和最佳路径；说明事故原因、现场情况及其严重程度、伤者人数及存在的危险、现场已采取的救护措施等；告知现场联系电话和联系人。呼救的同时迅速展开现场急救。

2. 应立即评估事故原因、现场环境，并快速评估危重伤病情况。主要从对意识、气道、呼吸、循环等几方面的快速评估以判断危重伤病情况，及时发现危及生命的伤病状况以利于尽早施救。

3. 先排险后施救；先重伤后轻伤；先施救后运送；急救与呼救并重；转送与监护急救相结合；紧密衔接、前后一致。

4. 在快速完成现场危重病情评估后，根据实际情况，对伤者的头部、颈部、胸部、腹部、骨盆、脊柱及四肢进行全身系统或有针对性的重点检查，注意倾听伤者或目击者的主诉以及有关细节，重点观察伤者的生命体征及受伤与病变主要部位的情况。根据伤者出现的临床症状和体征可将伤情分为4类——轻度、中度、重度和死亡，分别应用绿色、黄色、红色、黑色标记以利于快速识别和分类处理。检伤分类的意义：在现场伤者多、伤情复杂而人力、物力、时间有限的情况下，检伤分类有利于急救工作有条不紊地进行，使不同程度伤情的伤者都能尽快得到及时、恰当的处理，达到提高存活率、降低死亡率的目的。

5. 立即实施徒手心肺复苏术，如有条件应及早除颤。复苏有效的指征：心跳恢复，可触及大动脉搏动；面色（口唇）由发绀转为红润；出现自主呼吸（规则或不规则），或由机械通气呼吸恢复正常，$SPO_2>95\%$；瞳孔由大变小，并有对光反应或眼球活动。

6. 重点注意保护颈部，避免引起或加重脊髓损伤。在搬运及转送过程中予以颈部制动，最好使用颈托以保护颈椎，保持脊柱轴线稳定。应采取三人或多人搬运法，使头部、躯干成直线位置，严防颈部前屈或扭转。使用硬质担架，避免颠簸，勿摇动伤者的身体。

7. 伤者进入救护车，救护人员要充分利用车上设备对伤者实施生命支持与监护。

（1）观察病情，密切观察伤者的症状和体征。

（2）使用监护和救护设备，使用心电监护仪对伤者进行持续心电监测。对气管插管伤者必要时使用呼吸器，保证有效通气。

（3）各种管道的护理，包括输液管、气管插管、胸腔引流管、导尿管等各种管道必须按要求加以保护，同时要保证各种管道的通畅和无菌操作。

（4）正确实施院前急救护理技术，包括CPR、体外除颤、气管插管、静脉穿刺、胸腔穿刺引流、导尿术等。

（5）做好抢救、观察、监护等有关医疗文件的记录。

单元技能测试记录表

<table>
<tr><td>鉴定内容</td><td>基本的急救和心肺复苏程序</td><td>鉴定方法</td><td>模拟</td><td>鉴定人签字</td><td colspan="2"></td></tr>
<tr><td colspan="2" rowspan="2">关键技能</td><td colspan="3" rowspan="2">评价指标</td><td colspan="2">鉴定结果</td></tr>
<tr><td>通过</td><td>未通过</td></tr>
<tr><td colspan="2">1. 伤害的紧急治疗</td><td colspan="3">确定一种伤害
设计紧急治疗方案
实施紧急治疗操作</td><td></td><td></td></tr>
<tr><td colspan="2">2. 人工呼吸与心肺复苏</td><td colspan="3">确定一种紧急事故
描述人工呼吸或心肺复苏的操作程序
展示人工呼吸、心肺复苏的操作</td><td></td><td></td></tr>
<tr><td colspan="7">鉴定者评语：</td></tr>
<tr><td>鉴定成绩</td><td></td><td>鉴定时间</td><td></td><td>被鉴定人签字</td><td colspan="2"></td></tr>
</table>

单元课程评价表

姓名：________________ 日期：________________

当你完成了本单元的学习时，我们希望你能对下面的项目提出你的建议。

请在相应的栏目内打钩	非常同意	同意	没有意见	不同意	非常不同意
1. 这个单元给我很好地提供了基本的急救和心肺复苏程序的综述					
2. 这个单元帮助我理解了急救的理论					
3. 我现在对尝试急救更有自信了					
4. 该单元的内容适合我的要求					
5. 该单元中举办了各类活动					
6. 该单元中不同的部分融合得很好					
7. 教师待人友善、愿意帮忙					
8. 该单元的教学让我做好了参加评估的准备					
9. 该单元的教学方法对我的学习起到了帮助作用					
10. 该单元提供的信息量正好					
11. 评估与鉴定公平、适当					

你对将来改善本单元的教学有什么建议？

____

____

附　录

本书的基本术语

1. 安全——免除了不可接受的损害风险的状态。

2. 职业健康安全——影响工作场所内员工、临时工作人员、合同方人员、访问者和其他人员健康与安全的条件及因素。

3. 事故——造成死亡、疾病、伤害或其他损失的意外情况。

4. 事件——导致或可能导致事故的情况。

5. 风险——某一特定危险情况发生的可能性和后果的组合。

6. 风险评估——评估风险大小以及确定风险是否可容许的全过程。

7. 可容许风险——根据组织的法律义务和职业健康安全方针，已降至组织可接受程度的风险。

8. 危险源——可能导致伤害或疾病、财产损失、工作环境破坏或这些情况组合的根源或状态。

9. 危险源的辨识——识别危险源的存在并确定其特性的过程。

10. 持续改进——为了改进职业健康安全的总体绩效，根据职业健康安全方针，组织强化职业健康安全管理体系的过程。

11. 相关方——与组织的职业健康安全绩效有关的或受其职业健康安全绩效影响的个人或团体。

12. 组织——职责、权限和相互关系得到安排的一组人员和设施。把一个单独的运行单位视为一个组织。

13. 绩效——基于职业健康安全方针和目标，与组织的职业健康安全风险控制有关的，职业健康安全管理体系的可测量结果。

14. 目标——组织在职业健康安全绩效方面所要达到的目的。

15. 职业健康安全管理体系——是管理体系的一个部分，便于组织对与其业务相关的职业健康安全风险的管理。包括为了制订、实施、实现、评审和保持职业健康安全方针所需的组织结构、策划活动、职责、惯例、程序、过程和资源。

16. 审核——为了获得审核证据并对其进行客观的评价，以确定满足审核准则的程度所进行的系统的、独立的并形成文件的过程。

17. 不符合——任何与工作标准、惯例、程序、法规、管理体系绩效等的偏离，其结果能够直接或间接导致伤害或疾病、财产损失、工作环境破坏或这些情况的组合。

参考文献

［1］张荣.危险化学品安全技术［M］.北京:化学工业出版社,2005.

［2］吴穹,许开立.安全管理学［M］.北京:煤炭工业出版社,2002.

［3］中国安全生产科学研究院.危险化学品事故案例［M］.北京:化学工业出版社,2005.

［4］国家安全生产监督管理总局培训中心.车间主任安全生产培训教材［M］.北京:气象出版社,2006.

［5］侯书森,张秀红.职场心理健康大讲堂［M］.北京:石油工业出版社,2007.

［6］陈维庭.急救手册［M］.上海:上海科技教育出版社,1999.

［7］王正国.交通伤临床救治手册［M］.重庆:重庆大学出版社,1999.

［8］王正国.灾难和事故的创伤救治［M］.北京:人民卫生出版社,2005.

［9］刘晓凤. 企业安全管理培训专题教材［M］.广州:广东人民出版社,2018.

［10］编委会.新员工安全管理与教育知识［M］.北京:中国劳动社会保障出版社,2016.

［11］邵辉,邵小晗. 安全心理学［M］.2 版.北京:化学工业出版社,2018.

［12］国家安全生产监督管理总局信息研究院. 新员工安全生产知识［M］.北京:煤炭工业出版社,2015.

郑重声明

高等教育出版社依法对本书享有专有出版权。任何未经许可的复制、销售行为均违反《中华人民共和国著作权法》，其行为人将承担相应的民事责任和行政责任；构成犯罪的，将被依法追究刑事责任。为了维护市场秩序，保护读者的合法权益，避免读者误用盗版书造成不良后果，我社将配合行政执法部门和司法机关对违法犯罪的单位和个人进行严厉打击。社会各界人士如发现上述侵权行为，希望及时举报，本社将奖励举报有功人员。

反盗版举报电话　(010)58581999　58582371　58582488

反盗版举报传真　(010)82086060

反盗版举报邮箱　dd@ hep. com. cn

通信地址　北京市西城区德外大街4号

高等教育出版社法律事务与版权管理部

邮政编码　100120